你只是看起来很忙

申辰 著

图书在版编目（CIP）数据

你只是看起来很忙 / 申辰著. — 宁波：宁波出版社，2017.3
ISBN 978-7-5526-2772-5

Ⅰ．①你… Ⅱ．①申… Ⅲ．①成功心理－通俗读物 Ⅳ．①B848.4-49

中国版本图书馆CIP数据核字（2016）第314907号

你只是看起来很忙
NI ZHISHI KANQILAI HENMANG

著　　者	申　辰
出版发行	宁波出版社
	（宁波市甬江大道1号宁波书城8号楼6楼　邮编：315040）
网　　址	http://www.nbcbs.com
出版策划	沐文文化
责任编辑	俞　琦
特约编辑	王　雪
责任校对	余怡荻　李　强
装帧设计	仙境书品
印　　刷	北京中印联印务有限公司
开　　本	787mm×1092mm　1/16
印　　张	15
字　　数	180千字
版　　次	2017年3月第1版
印　　次	2017年3月第1次印刷
标准书号	ISBN 978-7-5526-2772-5
定　　价	39.80元

版权所有　翻印必究
本书若有印装问题影响阅读，请与印刷厂联系调换，联系电话：010-87331056

前 言 _1

第一章 任何没有"走心"的努力,都是"瞎忙" 　　1

加班常有,高效却不常有 _2
拖垮你的不是努力,而是无用功 _5
你所谓的"忙",可能是在浪费青春 _8
看起来很忙,不过是做给别人看罢了 _13
为了生活零售时间和生命得不偿失 _16
聪明的人总是知道该从哪里发力 _19
重量又重质,才不会掉入"瞎忙"的旋涡 _23

第二章 为"梦想"而战——众人迷"忙",我独醒 　　27

不要因为忙碌忘记了当初的梦想 _28
开启梦想的大门,一定要找对钥匙 _33
未来不可预知,你唯一能做的就是坚持 _37
朝着正确的方向努力,少做无用功 _40
带着梦想一路前行,有梦就有希望 _44
用行动坚守梦想的步伐 _47

第三章 不偏离目标——低头拉车，更要抬头看路　　　51

装忙也是一件技术含量较高的活儿 _52

找准方向，让自己的忙碌更有价值 _55

失去方向的努力终将白费 _58

做你认为最重要的事，实现自己 _62

没有明确目标，注定一事无成 _65

专一的人能更快更猛地实现目标 _69

目标"切碎"，才能嚼得出"味" _73

列出清单，我的未来我做主 _77

第四章 忙到点子上，展露自己的光芒　　　81

什么都做一点儿，什么都干不成 _82

每件事都很重要绝对是个错觉 _85

无法选择要做的事，但可以选择做事的方法 _88

实现众多小目标，追赶一个大梦想 _92

把忙碌变成主动选择，而不是被动接受 _96

用对的方法做事，跳出忙碌的泥潭 _100

一生只做一件事，专注就能成功 _103

第五章 别忙丢了"时间"——抓住了时间就是抓住了成功　　　107

时间是挤出来的，怎么珍惜都不过分 _108

今日复明日，明日真不多 _113

失约让你的努力前功尽弃 _117

不要把时间浪费在不切实际的方面 _121

善于把握并充分利用好你的零碎时间 _125

给时间做加法，让你忙出奇迹 _130

第六章　能取能舍，不做"瞎忙族"　　　　135

成功需要清空自我的勇气和智慧 _136
欲望可以有，但别被它连累 _139
定力不足，会掉进一个叫忙碌的壳里 _142
过分忙碌的背后隐藏着未满足的需求 _146
休息，是为了更好地前行 _148
劳逸结合，以防"忙癌"有机可乘 _152
不要让过去的忧虑影响人生的后半段 _155

第七章　善假于物，让你事半功倍　　　　159

凡事自己来，注定忙到死 _160
不做"独行侠"，团队配合力量大 _164
借力发力，巧借东风抢"风口" _168
协作，才是最得意的选择 _171
分出权力，做运筹帷幄的现代诸葛亮 _174
学会合作让我们更快地接近成功 _178

第八章　要想制胜，行动和速度是关键　　　　183

立即行动，跟拖延说"再见" _184
梦里走了许多路，醒来还是在床上 _188
最怕你碌碌无为，还在那儿纸上谈兵 _191
看霍金，懒汉们还有什么理由不行动 _194
大声喊出来：行动！行动！再行动！ _198
成功者只比别人多一点儿敢想敢做的勇气 _202
青春无悔，带着你的热忱上路 _205

第九章　忙，并快乐着；努力，并享受着

你想要的生活，换种姿态就能得到 —210
穷忙的人将错失更多珍贵的东西 —214
"慢生活"也是一种成功法则 —218
身陷低潮不气馁，在逆境中提升自己 —221
你从来不缺成功的筹码，缺的是自信 —224
没有过不去的坎儿，只有过不去的人 —227
理性地冒险往往能取得更大的回报 —230

在日常生活中,很多人都说自己平时太忙,根本没有休闲、娱乐以及跟朋友聚会的时间,比如学生总是为背不完的课文与写不完的作业而烦恼、抱怨;职场人士经常埋怨工作任务繁重,生活压力太大……那么,怎么做才能有更多闲暇的时间,不那么忙呢?

其实,大多数人只是看起来很"忙"——花费太多的精力在工作上,竭尽全力,甚至在工作之余还兼职赚钱,且认为自己这么做都是为了让家人过上好日子。然而,尽管他们忙忙碌碌的,结果却是,不仅不能得到老板的认可,获得升职或加薪的机会,还无法赢得同事的尊重与家人的支持。面对如此窘况,他们丝毫没有意识到,要停下来反思自己努力的方向是否正确,是否花了很多时间与精力去做那些实际上根本不重要的事情。相反,他们选择继续这种收效甚微的忙碌生活,一味地低头"拉磨",而不知道抬头看路,致使忙碌变成了一种病态。

也有一些人,他们同样要面对学习或工作,只不过他们总是面带微笑,走路不慌不忙,做事也是从容淡定,并且与那些整天忙个不停的人相比,他们更能够实现事业与家庭的双丰收——这一切都源于他们懂得如何安排自己的时间。有计划、有目标地去做事情,不仅能够给公司创造更多的业绩,还能为自己赢得升职或加薪的机会。

上面说的这两类人相比较而言，前一种人整天忙个不停，却都是在"瞎忙"；后一种人有着非常明确的目标，做事讲究效率与方法，总是能够忙到"点子"上。俗话说："天道酬勤。"的确，做事需要勤勤恳恳、踏实认真，可是，如果没有明确的目标，也不讲究工作效率与方法，不管再怎么勤奋努力，也会徒劳无功。

如果你想改变自己目前"瞎忙"的状态，做一个从容淡定、高效率工作的人，就请阅读《你只是看起来很忙》这本书吧！这本书不仅能够给你指点迷津，更能提高你的工作效率和生活质量。本书没有无聊的说教，实例也是生活中你曾经经历过，抑或正在发生的事，它会告诉你"瞎忙""伪努力"的生活状态是可怕的。

衷心感谢你对本书的关注。相信阅读本书会对你有所启迪，从而帮助你开创卓越人生！

任何没有"走心"的努力，都是"瞎忙"

"瞎忙呗"是现代人的一句口头禅，而这也确实反映了现代人的生活状态，忙得没了方向，没了坚持，没了结果……虽然一直没闲着，却没忙出什么成果。

加班常有，高效却不常有

日常生活中，我们总能看到这样一类人，明明每天都很努力地工作，可就是不能为公司创造更多的效益；每天都在忙碌地干活，却得不到老板的青睐和重用。我们称这类人为"穷忙族"。

进入21世纪，"穷忙族"越来越多，他们几乎跟不上城市发展的步伐，致使出现了越忙越穷的现象。有人认为，所谓的"穷忙族"是"月光族"和"过劳模"结合的产物。而有关研究发现，"穷忙族"实际上更穷，也更加忙碌。

就职于上海某广告公司的小雪就是一个彻头彻尾的"穷忙族"。

小雪在该公司担任客户经理一职，每天忙得甚至连午饭都吃不上，而且晚上经常很晚才回家。有一次，她的一个朋友邀请她出席婚礼，结果被她委婉地拒绝了，说自己太忙，没有时间过去。朋友奇怪地问："你真的有那么忙吗？"

小雪叹息着说："我和你讲一讲今天上午我处理的那些事情吧。"

"早上我简单地吃过早饭后就匆匆忙忙地赶到公司，然后我的同事开始向我汇报工作上的一些问题。首先是公司前台，她无奈地告诉我说，早上有个客户打电话过来，抱怨说一整晚都没有收到约定好的电子邮件。我赶紧打开邮箱，才发现因为信件过大，被自动退了回来。等我把邮件整理好重新给那个客户发过去之后，项目执行部门的同事又过来了，说客户不满意我做的场地布置。我这才意识到客户曾经向我说起过场地不好的事，

第一章
任何没有"走心"的努力，都是"瞎忙"

只是我以为客户会和项目执行部门的同事沟通，所以就没把这件事放在心上。我马上联系客户，向他道歉并立刻安排人去处理。好不容易把这两件事处理完了，也到吃中午饭的时间了。我正想去食堂，策划部门的同事又过来找我，说有一个提案已经快到截止时间了，可我还没有给他们准备充足的资料。结果我顾不上吃中午饭，又接着忙收集资料的事。唉，真是一言难尽啊！"

小雪就这样每天应付连续不断的工作，常常感到力不从心，她几乎从未体会过闲适的生活。其实，上面提到的工作内容不过是小雪日常工作中很小的一部分。因为她的工作性质，她还时常出去与客户进行面对面地交谈。为了给客户留下一个好印象，小雪非常注重自己的穿着打扮。如此一来，她原本微薄的薪水每个月基本上所剩无几。有时，她甚至得借钱才能维持生活。经常把自己弄得疲惫不堪的小雪总是在心里告诉自己，这种"穷忙"只是暂时的，然而，每当她想到未来的生活，还是会感到迷茫。

刚走出大学校门不久的李洋找到一份在某化妆品公司做销售的工作。刚开始工作的时候，李洋十分卖力。然而没过多久，他就有点儿受不了了。下班后，他经常找朋友诉苦，抱怨自己上班的时候就像个陀螺一样转个不停，根本没有歇息的时间。尽管他表面上做起事来井井有条，其实内心一团乱麻。每到发薪水的时候，看着自己辛苦换来的那点儿微薄工资，他更是高兴不起来。

李洋总是跟朋友发牢骚："自从工作以来，我发现自己变得焦虑不安，几乎不敢想象自己的未来会是什么样子。如今社会发展得太快，每一份工作都充满了竞争，稍微懈怠，也许以后的日子就会变得更加艰难。所以，我内心很焦急，可是苦思冥想也找不到解决的办法。销售这个行业，基本工资普遍都很低，主要靠业绩拿提成。可是，像我这样的职场新人，最欠缺的就是经验。为了向那些销售界的前辈们请教，我总得找一个像样的饭店请他们吃一顿。此外，为了拉拢客户，也免不了要请那些愿意和我签单的客户吃饭，如此一来，我几乎月月入不敷出。"

李洋为了赚到更多的钱，一边积累经验一边跑业务以提高自己的销售业绩，几乎每天晚上10点左右才拖着疲倦的身子回家。

其实，如今社会上，像李洋这样的销售人员有很多，每个月拿不到多少薪水，也没有获得多少成效。因此，许多职场新人都会有这样的疑问："难道我们就必须过又穷又忙的生活吗？"

实际上，暂时贫穷没什么大不了的，忙一点儿也不可怕，可是，一定不要陷入"穷忙"的怪圈。因为，"穷忙"远比物质上的贫穷更加可怕。

不"瞎忙"的活法

不做"穷忙族"，就要做好以下几点：

1. 无论再忙，也要抽出时间思考一下自己想要的生活。
2. 一定要清楚：你是在为自己工作，为自己努力。
3. 找到"穷"与"富"、"忙"与"闲"之间的平衡。
4. 给自己的人生做一个清晰的规划。
5. 多增加一些业余爱好。
6. 无论任务多艰难，都不要放弃挑战的机会。

拖垮你的不是努力，而是无用功

大多数人可能都有过这样的经历：工作中，自己绞尽脑汁与一些客户周旋，最终却没有谈成一笔生意；自认为创意不错，花了大把时间，熬了几个通宵做出来的方案却被上司无情地否决……

对于满怀梦想的人而言，如果只知道埋头苦干，却不讲究方式方法，只会浪费大量的时间和精力，做的却是"无用功"，最终自然毫无收获，还离成功越来越远。

生活中，很多人每天都在做"无用功"，时间不知不觉被白白"浪费"掉，而自己却被"很努力"的假象欺骗，直到最终什么都没得到才恍然大悟。因此，无论是谁，当你付出许多努力却没有得到意料中的结果时，就应该静下心来反省一下：时间是不是运用不当？努力方向是不是错了？是否因为自己的固执而变得执拗呢？假如这些问题的答案都是肯定的，那么你必定做过或者正在做"无用功"。

无论你多么渴望成功，都应当明白：真正的努力并不是机械般的重复与蛮干。很多"瞎忙族"每天认认真真地工作，最终却没有获得相应的回报，在追求成功的过程中不仅丢了西瓜，甚至连芝麻都没能捡到，只能看着周围的同事升职加薪，超过自己。之所以会这样，其根本原因就是他们不讲究方式方法，总是在做"无用功"。不论做什么工作，都要明白"劳苦"跟"功高"之间并不能画等号。在最短的时间内做出最好的成绩，在员工里出类拔萃，是得到老板器重的唯一方法。

亨利·福特是美国福特汽车公司的创始人，他经常对自己的员工强调效率的重要性："工作要追求更好的结果和更高的效率！"正因为如此，福特汽车公司才取得了很大的成功，福特本人也被称为"将美国带上流水线的人"。可见，不做"无用功"是提高工作效率的最好方法。方法总比问题多，任何问题都有解决的方法，只要用对了方法，就能取得成功。

美国伯利恒钢铁公司总裁查理斯·舒瓦普有一次去见著名的效率专家艾维·利。当时查理斯·舒瓦普的公司还只是一个小小的钢铁厂，他向艾维·利先生请教提高工厂效率的方法。

"这很简单。我给你一样东西，能让你在10分钟内将你工厂的业绩提高50%。"艾维·利边说边从办公桌上拿起一张白纸递给舒瓦普，要求他用5分钟的时间将明天要做的几件重要的事情写在纸上。

舒瓦普按照艾维·利先生的要求写完后，艾维·利又让他用5分钟的时间将刚才写下的几件事情按照重要程度用数字标明。

等舒瓦普做完，艾维·利说："你把这张纸放进口袋，明天早上上班的第一件事就是把它拿出来看一遍，然后按照先后顺序，做第一件，然后第二件、第三件……"舒瓦普听了点点头，艾维·利继续说，"你看，是不是只花了10分钟就找到了提高你工厂效率的方法？如果你的员工也按照这个方法做，相信你的工厂不久就会取得好的业绩。"

一个月后，艾维·利收到了舒瓦普的感谢信和一张支票。原来，舒瓦普用艾维·利教给他的方法果真提高了工作效率，将时间和精力花在最需要的地方，没有再做过"无用功"。经过5年的努力，伯利恒钢铁厂逐渐壮大，终于成为当时世界上最大的独立钢铁公司。

事实上，很多人"瞎忙"的最主要原因就是没有用对方法，就算失败了，也不懂得从中吸取教训，总结经验。我们经常听到一些失败者说："都是因为这样……因为那样……"只要事情没有做好，就找出一大堆理由为自己开脱，从来不会认真思考应该用什么方法去解决问题。

不"瞎忙"的活法

下面介绍一些提高效率的方法，它们将会帮助"瞎忙族"少做甚至不做"无用功"：

1. 将明天要做的几件最重要的事情写下来。
2. 将这几件事情按照重要程度列出先后顺序。
3. 第二天从最重要的事情做起，直到将它完成。
4. 接着做第二件、第三件……
5. 每天都如此，坚持下去，直到养成良好的习惯。

这个方法很值得大家学习，不过这并不是唯一的方法。每个人应该根据自身的实际情况去制订和使用适合自己的方法，这样才能更好地提高效率，不做"无用功"。

不管是奋斗的个人，还是发展中的企业，都不能一味地埋头苦干，不仅要对自身的处境有一个明确的认识，还要对未来的发展趋势有所了解和掌控，找到最适合自己的方法，朝着既定的目标和方向大步前进。也只有这样，才能避免浪费时间和精力地"瞎忙"，不做"无用功"，不让自己的努力白费。

你所谓的"忙",可能是在浪费青春

同样是一辈子的时间,有些人用自己的双手创造出了无数个奇迹,有些人则浑浑噩噩地活了几十年;同样是一天24小时,有些人把每一分每一秒都过得非常有意义,有些人则把时间花费在了毫无意义的忙碌上。

回想自己的学生时代,可能很多人都曾遇到过这样的同学:他学习非常努力,笔记工工整整地写了好几本,上课也认真听讲,更难得的是,他几乎每天都读书到深夜,然而每次他的考试成绩都令人大跌眼镜,惨淡的结果几乎像影子一样挥之不去,甚至有时候我们都会替他感到不公。职场中这类人也不少,他们是办公室里来得最早、走得最晚的,但奇怪的是,他们的工作成绩却总是最糟糕的。

为什么会这样呢?为什么勤勤恳恳、忙忙碌碌不仅没有换来应有的回报,反而越忙越糟糕呢?实际上,并不是所有的勤奋都会获得相应的回报,拉磨的驴子再勤劳也不过是在原地转圈,所以如果抓不住事情的关键,即便一生奔波不息,也难以做出什么成绩。

现实生活中,碌碌无为的人这一群体是相当庞大的,他们有一个共同特点:没有目标,没有梦想,没有动力……再加上社会这个大染缸,会让每一个怀揣梦想的人在现实和日复一日的工作中逐渐磨掉原有的个性与棱角,成为生活的机器人,整日处在麻木的状态中。

"努力工作?怎样才算是工作努力?我根本就不知道该从何做起。"

"换个工作又能怎样?还不是这样按部就班地工作?与其来回折腾,

第一章
任何没有"走心"的努力，都是"瞎忙"

不如继续浑浑噩噩地干吧。在哪儿混日子不是混呢！"

"当一天和尚撞一天钟，熬过一天是一天，等到了被开除的时候再说吧！"

正是因为没有目标，没有机会，缺乏动力，我们才会逐渐成为碌碌无为大军中的一员。

苏联著名文学家奥斯特洛夫斯基在《钢铁是怎样炼成的》一书中，借主人公保尔·柯察金之口说："生命对于我们只有一次。一个人的生命应当这样度过：当他回首往事的时候，他不因虚度年华而悔恨，也不因碌碌无为而羞耻。"如果你还在为自己偷懒的小聪明而沾沾自喜，为自己的拖延找借口，那么你的一生又将会怎样呢？等到年老时回想自己的年轻岁月，面对那个碌碌无为的自己，你又会作何感想？

酸甜苦辣才是人生，该果断坚定的时候就该快刀斩乱麻，而不是拖延了事；该把握机会的时候就应抓住良机，而不是犹犹豫豫错过了最好时机。

当看到那些功成名就之人的新闻报道时，总有人认为他们是不小心走了狗屎运。其实，只有时刻做好一切准备的人才会在机会面前崭露头角。比如，面对同一个千载难逢的好机会，平庸的人可能会视若无睹，选择像往常一样埋头于日常的工作当中，错失良机而不自知；而那些时刻做好准备并且有明确目标的人却不会放过任何改变命运的机会，所以他们走向了成功。

人人都喜欢住别墅、开豪车，然而当自己没有能力与金钱获得这种光鲜亮丽的物质生活时，绝大多数人就可能怀疑人生，甚至自我放逐。这些人会说："上天为何对我这样残忍，如果让我出生于富贵之家该有多好呀！""总而言之，我再怎么努力也买不起豪车、住不起别墅，那我为什么还要继续努力工作？不如当一天和尚撞一天钟，混吃等死好了！""哎，看来我这辈子是不会取得多大的成就了，只希望我的孩子能完成我的梦想了。"这种自怨自艾的消极态度，非但不能改变我们的命运，还会让我们的生活变得一天不如一天，最终使自己沦落为平庸的人。

有人说："人生下来就要去奋斗。"你无法选择自己的出身，但你可以通过努力改变自己的未来。一定要记住：抱怨对我们的生活有百害而无一利。

小兰与小敏两个人都出生在贫穷的大山中，因为没钱继续读书，她们被迫辍学，跟随老乡一起到城市里打工赚钱。刚到城里的时候，她们都憧憬着能在这里找到一份高薪的工作，并且希望将来有一天自己能成为真正的城里人。

她们两个人通过老乡的介绍到一家酒店做清洁工的工作。为了节约开支，小兰和小敏同住在一间出租屋里。虽然两个人的工作内容一样，可是五年后，两个人的生活却有了天壤之别——小兰因为工作认真负责，被提拔为酒店服务部门的经理，在此期间，她认识了一位事业有成的律师，并和他结为夫妻，过上了自己梦寐以求的生活；小敏却还是像刚来到城里时一样，继续做着清洁工的工作，当初的梦想也早已被她抛到九霄云外去了。

她们在这五年里究竟经历了什么，让她们的生活产生了如此巨大的差距呢？其实，这与她们二人的工作态度息息相关。小兰坚持按照自己的意愿做事情，而不是像其他同事那样总找机会偷懒，也不像因为没有干多少活而拿到同样工资的人那样为自己的小聪明而暗自欣喜。为了尽快实现自己的梦想，小兰认真工作的同时，总找机会致力于酒店的发展，并在酒店管理方面献出自己的计策。另一方面，小兰深深地意识到自己的学历太低，见识浅薄，于是工作之余，她花时间自学酒店管理方面的知识，通过刻苦努力，小兰终于考取了酒店管理方面的证书。

众所皆知，服务行业需要从业人员具备良好的行为举止。尽管小兰只是一名小小的清洁工，但她不甘心做一辈子清洁工，所以当她看到酒店的高级管理人员那优雅端庄的举止，听到他们说着一口纯正的普通话时，小兰也开始默默地纠正自己的不良习惯，学说普通话。

小敏则与小兰形成了鲜明的对比，她每天幻想着自己能过上幸福的生活，可是，在工作上她不肯努力，也不愿意花时间学习知识。每当她看到那些经常出入酒店的客人以及穿着高档服饰的酒店管理人员时，她就会抱怨上天的不公平，并对清洁工的工作充满了抵触情绪，每天消极度日，不思进取。就这样，当小敏整天沉浸在言情小说或电视剧等虚拟世界的时候，青春岁月已经在不知不觉间浪费掉了。

其实，像小敏这样为了逃避现实生活，选择自我放逐或沉迷于虚幻世界的人不计其数。这些人从未想过，逃避现实生活非但对他们没有任何帮助，还会使他们滋生出拖沓、懒散的毛病，久而久之，青春荒芜，容颜不再，生活也会变得越来越糟糕。

上天对每一个人都很公平，也都会给每个人准备两种选择：如果选择马上行动与保持自我清醒，就会在机会到来的时候迅速抓住并及时改变命运；如果选择事事拖延与逃避，那么注定一事无成。到底该如何选择，关键在于每个人自己想要过什么样的生活。

不"瞎忙"的活法

如今,太多的人每天都在过着碌碌无为的生活,相信每个人都不甘心总是生活在这种糟糕的状态中。遗憾的是,绝大多数人都没有能力改变这种现状。其实,只要找到相应的对策与方法,想要做出一番业绩并不难。以下三种方法可供参考:

1. 守株待兔不如主动出击

当你总是抱怨自己缺乏机会走向成功时,最好思考一下自己为了成功付出过多少努力;当你自以为努力工作却没有升职或加薪时,最好想一想自己究竟为公司做了多少贡献。机会需要你努力去争取,而不是静静地原地等待。"越努力,越幸运。"所以,只有努力,才能被幸运女神眷顾。

2. 有梦想的人才会有动力

每一个人都怀有梦想,只是平庸的人总是在忙碌的生活中逐渐遗失梦想,而成功的人却能为了实现自己的梦想而不断努力。我们需要梦想在前方带路,一旦失去了梦想,就会失去前进的动力,从而沦为平庸之人。

3. 坚决不做行动上的矮子

事业靠吹嘘无法前进,成功靠夸赞只能成为泡影。所以我们要做行动上的巨人,毕竟,纸上谈兵解决不了实际问题,只有行动起来才能走向成功。

第一章
任何没有"走心"的努力，都是"瞎忙"

看起来很忙，不过是做给别人看罢了

有人说："只有努力，才能成功。"这是一句放之四海而皆准的大实话。不管你是否富有，也不管你是哪国人，只要你渴望成功，就需要为之付出努力。

美国著名行为学大师威廉·杜拉姆曾经说过："在这个世界上，没有不通过一番努力就成功的人，不管是不劳而获，还是不期而遇，都不能达到真正的成功。对自己付出的努力一定要深信不疑，就相当于相信自己付出之后一定会有回报。因此，多付出一些努力，就等于多一点儿成功的可能。"

只要努力，就能成功，事实真的是这样吗？现实中，总有些人兢兢业业地工作，可最后却没有得到期待的成就，甚至到头来竹篮打水一场空。看到刚入职的新人升职那么快，薪水涨得那么多，作为资深老员工，心里自然感到非常焦虑。为什么我们努力奋斗了，却反而离成功越来越远呢？下面的故事很好地解释了这个问题。

古罗马时期，普布利乌斯·埃利乌斯·哈德良皇帝当政的时候，有一位将军经常跟随哈德良南征北战。有一天，这位将军走到皇帝面前说："根据我曾参加过的10次重大战役的记录来看，你应该给予我更高一点儿的职位奖励。"

哈德良是一位贤良的皇帝，他能够很快地辨别一个人的真正才能。在他看来，这位将军根本没有胜任更高职位的能力。于是，他随手指着拴在一旁的战马说："这位将军，请你仔细端详这些马，迄今为止，它们已经参加过20多场战役，可它们依然只是普通的马匹。"

哈德良皇帝的话启示我们：要想获得成功，努力固然是必不可少的因素，但并不能作为衡量成功的唯一标准。如果你的努力没有创造出真正的价值或者没有使自己的学识或能力得到提升，那么你还是不能获得真正意义上的成功。

比如说，你只是看上去很努力，实际上你并不知道自己想要什么。或者说，你很迷茫，你随时可以改变自己的方向，就像在跟自己拔河，一会儿这儿扯扯，一会儿那儿扯扯，结果哪儿都去不了。

比如说，你只是看上去很努力，实际上你根本没有做好准备。或者说，你从不重视准备，做事情没有条理，只有三分钟热度，想到哪儿就做到哪儿，结果只会让自己成为一只无头苍蝇。

比如说，你只是看上去很努力，实际上你是一个完美主义者，芝麻绿豆点儿大的事，你却耗时耗力，大费周折。想想看，你到底做了多少"无用功"？努力不是机械重复和蛮干。时间就是金钱，金钱就是效率。

比如说，你只是看上去很努力，实际上你并没有太想做这件事。你在公司做文案，只是偶尔抓住一下时事热点发几条微信，写一点儿矫揉造作的文章，下班回家后就看看电视、洗洗衣服。而有些人在做文案的时候考虑的是未来几年也要自己开广告公司，那需要的技能可多了去了，于是他在公司里时刻关注市场部的接单来源，跟设计师讨论老板的审美观，有空就研究研究一些做得好的自媒体……

当你觉得自己处在努力的状态下时，花点儿时间静下心来思考一下，自己是否真的在努力，还是看上去很努力。不要被虚伪的努力欺骗了。

不"瞎忙"的活法

我们总是评论别人看起来很忙、很努力,有没有反思过自己呢?自己跟他们的工作状态是不是一样呢?如果是,不要不好意思承认,这并不丢人,及早地发现,把自己拉出这个泥潭才是最重要的,千万不要等时间和精力耗尽了才去懊悔。

我们究竟在努力地干些什么?只有自己才有确切的答案。连自己在干什么都不知道的人,该多么可悲啊。

为了生活零售时间和生命得不偿失

看到这个标题,也许有人会嗤之以鼻:"我们当然不希望终日为钱忙忙碌碌,也希望悠闲度日,不缺钱花。可问题是,不为钱忙,钱从哪儿来呢?又怎么能为我所用呢?"如果你也有这样的疑问,那么不妨仔细回想一下:那些终日为钱忙碌、一提到钱就精打细算的人,是不是典型的穷人呢?他们拥有的这种想法,其实叫作"穷人思维"。

现实生活中,只有穷人根据自己不高的收入拼命节流,每天在赚钱和花钱之间算计,生怕自己的支出超过了收入,于是稍有一点儿钱就立刻要存起来,并且在自己略有积蓄的时候才会感到些许安心。这就是典型的为钱忙碌。反过来,我们再想想那些富人,他们将自己的思维更多地放在赚钱上,也就是开源,没有一味地省钱。他们常常出手阔绰,有更多的信贷、借款业务,因为他们非常自信,自己能凭借借来的钱赚更多的钱,从某种意义上来看,他们是在"玩钱"。这就是"富人思维"——钱为人用。

由此可见,钱为人用才是我们应该追求的。那么,如何做到这一点呢?

第一,要知道拥有财富的顺序并不应是先赚钱、再用钱,而是用钱达到赚钱的目的。

有个长工在地主家做了十来年,尽管他起早贪黑地干,可是一年下来,除去开销,基本上没什么盈余。一个有钱的老乡非常同情他,愿意资助他开一家铁匠铺,不过条件是还钱的时候他需要额外付一点儿利息。

第一章
任何没有"走心"的努力，都是"瞎忙"

主意听上去不错，这个长工有点儿心动了。可是，面临的问题也很严峻，成功了当然好，一旦失败，他就会负债累累。而在地主家干活，虽然不会一夜暴富，可总算是个铁饭碗，只要自己勤奋节俭一点儿，总能攒到养老的钱。

最后，为了求稳，长工拒绝了那个老乡的好意，选择继续在地主家干活。几十年过去了，他仍然是老样子，赚到的钱只够一家人维持生计。而另一个曾经跟他一样做长工的年轻小伙子，接受了那个老乡的资助，开了一家铁匠铺，凭借自己的努力和诚信，他的生意越做越大，逐渐成为当地的有钱人。

很多穷人把稳定的收入和存钱当作自己安全感的来源，这样的思维模式注定穷人只能继续穷困。《塔木德》中有这样一句话："上帝把钱作为礼物送给我们，目的在于让我们购买这世间的快乐，而不是让我们攒起来还给他。"我们可以将"时间的快乐"理解为事业成功带来的成就感、不断创造更高价值带来的满足感。因此，我们一定要有用钱来赚钱的意识，不要整天在等着领工资和存钱的循环中虚度自己的光阴。

第二，不怕穷，就怕心甘情愿当一个穷人。那些整天不考虑如何赚钱而只会为钱而发愁的，往往都是真正的穷人。穷人之所以是穷人，是因为他们有一种懒惰的惯性思维，或者说他们习惯于为钱而发愁，唉声叹气。一旦手中的钱能够暂时满足眼前所需，他们就会放弃赚钱的想法。这样的恶性循环使得他们终生无法翻身，只能永远庸庸碌碌地生活。

有一位名叫比尔·萨尔诺夫的犹太巨富，在人们眼中，他风光无限、身价千万，但谁都想不到，比尔小时候生活在纽约的贫民窟里。比尔有六个兄弟姐妹，小的时候，全家人唯一的经济来源是父亲那点儿微薄的薪水，常常缺衣少穿、食不果腹，日子过得极为窘迫。

比尔15岁那年，父亲对他说："你长大了，可以出去自己谋生了。我希望你不要像我一样，一辈子为了一点儿钱而忙碌。因为我的甘于现状和不敢改变，所以一辈子也没能给你们留些什么。希望你能通过自己的努力，做一个成功的人。"

比尔听了父亲的话，选择了经商这条路。当然，对于白手起家的他来说，这无比困难，但他始终没有放弃，他坚信自己会成功，会拥有财富。抱着这样的信念，他每赚到一笔钱，都会用这笔钱再去赚钱。于是他变得越来越富有。五年后，他通过自己的努力让全家人搬离了贫民区，过上了富裕的生活。

比尔和父亲的人生对照，告诉我们一个显而易见的道理：如果总是抱着为钱忙碌的心态，那么你的一生都可能被这个枷锁捆绑，无法走得太远，你只能去赚有限的钱，过狭隘的生活；而如果你能怀揣一种"钱为我用"的从容心态，把钱当作一种工具，而不是最终的追求，那么生活就真的会发生奇迹，会有成功和更多的财富。前一个你只能终生忙碌、无所收获，后一个你却可能成为高高在上、轻松赚钱的成功人士。

不"瞎忙"的活法

不应该只把满足生存的需求作为人生目标，更美好的人生追求和更高层次的动力牵引也是人生目标必不可少的一部分。人不能为了谋生而活，应该有更美好、更高尚的目标，努力追求并享受高质量的生活，不再麻木、浑浑噩噩地过日子。

聪明的人总是知道该从哪里发力

"我来来往往，我匆匆忙忙／从一个方向到另一个方向／忙忙忙，忙忙忙／忙是为了自己的理想／还是为了不让别人失望／盲盲盲，盲盲盲／盲得已经没有主张／盲得已经失去方向／忙忙忙，盲盲盲／忙得分不清欢喜和忧伤／忙得没有时间痛哭一场……"这首歌描述的正是当下一些人真实的生活状态。

现在，我们静下来扪心自问：

1. 我是否有目标？
2. 我难道真的很忙吗？
3. 我每天究竟在忙什么？
4. 我的忙碌与自己的目标有关吗？
5. 我是否已经把自己的目标忙忘了？

有些人知道自己每天需要做很多事情，但总没有目标地瞎忙，结果随着时间的流逝，逐渐感到力不从心。这些人在跟别人通话的时候，说的第一句也总是："喂，你现在忙吗？"或者是："我现在很忙，等一会儿再说！""忙"不仅取代了"你好"，成为人与人之间的问候语，更成为大家见面的谈资。忙是现代人普遍的状态，谁不忙，就会被看成另类，与他人格格不入。

在这个高速运转的时代里，竞争成为人们之间的日常行动准则，忙碌也成了现代人的生活常态。一项对白领的调查显示：92%的白领每天都处于异常忙碌的状态,而且将近一半的白领把下班之后的时间也奉献给了工作。这项调查不禁令人发出这样的疑问:白领真的有那么忙吗?他们每天都在忙什么呢?

另一个调查结果更有意思:将近九成的白领每天围着工作转,但他们竟然不知道自己在忙什么,只是上司交代什么工作,马上去执行,呈现的是一种瞎忙的状态。我们把这种每天瞎忙的白领称为"职场瞎忙族",他们具有两个鲜明的特征:一个是每天都在忙,却不知道忙的意义何在;二是没有工作目标。殊不知,没有目标,就是瞎忙。

陈华去年参加研究生考试,因为公共课差了几分,没有被录取。陈华不甘心,决定今年再考一次,于是从三月份开始,她就加入了复习大军的行列之中。

陈华把自己完全封闭起来,每天早上六点准时起床背英语,中午吃饭草草了事,小憩一会儿之后继续复习。每每接到家人和朋友的电话,陈华都不肯多说几句,问个好马上就把电话给挂了,继续闷头复习。不料,陈华第二次参加研究生考试又败北了。陈华很苦恼,不知道为什么自己努力了却接连两次都考不上。一个和陈华一起复习考研的同学最后考取了自己心仪的专业和学校,于是陈华找到她,想向她了解一下自己在复习上和她有哪些差距。

听完陈华的叙述和疑惑后,那位同学一语中的地指出,陈华之所以每天埋头复习却毫无收获,完全是因为她脑子里根本没有一个考研的明确目标。上次考研时陈华没什么经验,完全凭着自信报考了中国人民大学,这显然是一种冒险的行为,因为以她平时的学习成绩,想要考入这类名牌大学有一定的难度。这次,陈华虽然降低了要求,报考某矿业大学,但无疑要求过低,从而降低了她的斗志,导致考试再次失败。

那位同学最后告诉陈华:"无论你想要考取哪所学校,一定要知道自己想要什么，没有目标地埋头复习，结果当然是连年失利了。"

毋庸置疑，忙本来是好事，世界上所有的老板都不希望自己的员工无所事事，乐见员工呈现一种忙的状态。但是，忙也要忙出效率，不要把"忙"变成"盲"。只有在8小时工作之中创造最高效率的人，才能获得更高的生活质量、更高的职业成就。

一味地埋头苦干已经不符合这个时代的要求了，如果不懂得抬头看路，做事也不讲究方式方法，那么永远不可能做出效率来。好比学习，如果你用对了学习方法，很多知识点只看一遍就了然于心；如果学习方法不对，就算你看一百遍、一千遍，也只是做无用功罢了。

不"瞎忙"的活法

有人说:"忙本身没问题,但是,如果变成'盲'就不好了。"做事一定要讲究方法,不管我们每天需要做多少事,都要偶尔停下来问问自己:"我究竟在为什么而忙?"只有这样,才能使自己的忙碌不盲目。

目标清晰的人能够忙出收获,获得成就,目标模糊的人却一直在瞎忙,一事无成。那么,怎样才能明确目标,摆脱"瞎忙族"的称号呢?

第一,重视目标

我们总说"三观"(即世界观、人生观和价值观)会影响一个人的成长和成就,其实还有一个比较重要的决定性因素,那就是目标。很多人都知道要为自己的人生确立目标,不过很少有人重视目标。只有重视目标的存在,才能为自己的忙找到方向。

第二,制订目标

我们的目标可能很抽象,以至于我们总是抓不住它。如果能把抽象的目标细化成一个个具体的小目标,从实现一个个的小目标入手,终极目标自然不难实现。所以说,成功的一个前提就是,我们要制订出切合实际的目标,只要目标具体而明确,并在我们的脑海中清晰可见,其实现的可能性才会增大。

第三,有实现目标的力量

这里所说的力量包括实现目标的技巧和信心两个方面。条条大路通罗马,成功的方法有很多,但是要想快速地实现目标,我们必须掌握一定的技巧。而且在实现目标的过程中,很多人害怕遭受大家的讥讽,这就需要我们时刻保持自信,相信只有自己才能给予自己力量。

重量又重质,才不会掉入"瞎忙"的旋涡

忙,让人充实,让人有成就感,也是通向成功的必要手段。但前提是,你得忙得有目标、有秩序、有效率、有结果。否则,就有可能陷入"瞎忙""穷忙"的怪圈,越忙越乱,越乱越忙。那么,如何让自己忙到点子上、忙出良好的效果和品质呢?

第一,灵活的性格可以帮你忙出完美效果。忙得没头没脑,忙得昏天黑地,这种状态不但不能说明你很敬业,反而显示出你忙得没秩序、没智慧。面对不同的人和事,你必须学会不同的应对方式,学会刚柔并济。这样,无论你忙大事还是小事,是对事忙还是对人忙,都能忙出良好乃至完美的效果来。

提起"硅谷女强人",你的脑海中是不是会浮现出一个冷冰冰、性格强硬、不苟言笑,埋首于代码、编程与数据等庞杂工作之中的女人的形象?事实上,拥有"硅谷女强人"称号的卡莉·费奥莉娜完全不是这样的人。在公司改革、与对手竞争以及与反对者辩论这些方面,费奥莉娜一副雷厉风行、掷地有声的"铁娘子"做派,但除去这些,她身上也有女人温婉、灵巧的一面。与普通女人比起来,费奥莉娜除了多了一份刚硬的性格之外,更重要的是她懂得如何刚柔并济。在处理与员工、客户的关系时,费奥莉娜非常擅长展现自己柔的一面。比如,她平时经常深入员工之间,跟他们亲切地聊天,并且无拘无束地与员工一同吃饭。费奥莉娜跟员工们交谈的

内容绝不限于他们在公司的表现和感受，还会谈到他们的生活、家庭和个人问题。员工们也都非常喜欢跟费奥莉娜聊天，不会把她看成一个难以接近的上级。在对待客户方面，费奥莉娜更是淋漓尽致地体现了身为女人细腻的一面。客户提出的每一个问题，她都会非常耐心地解答，哪怕客户有一丝不满，她也会竭尽全力消除它。此外，她还总是在言谈中将公司的成功归功于客户，使得客户都非常愿意帮助她改进和引入新产品。如此深谙刚与柔的结合之道，专业能力又如此出色，费奥莉娜当然无愧于"硅谷女强人"的称号。

聪明的人，就连吃饭的时候都能悄无声息地忙出成绩来。可见，忙与不忙并不在于形式，而在于你是否有足够的智慧和灵活度，让自己保持一种看似悠闲、信手拈来的状态，创造出别人忙而不得的效果。

第二，学会取舍，凡事都能忙到重点上。如果你忙来忙去，始终还是没能把最重要的事情办好，你的忙就毫无意义。除非你是一个没有轻重观念的人，否则只能说明你不懂得合理取舍，导致自己的时间大量被牺牲。

在一条清澈的小河里，生活着一对鲤鱼母子。一天，小鱼问大鱼："妈妈，我听说钓钩上的鱼食非常美味，我很想去尝尝。不过，我还听说那儿有点儿危险。我该怎么吃到美味，又保证安全呢？"

大鱼听了，非常冷静地摇摇头："如果你面对的诱惑伴随着危险，那么就必须拒绝诱惑。不管你有多么想尝钓钩上的美食，都必须压制自己的欲望，否则你可能会为此付出生命的代价。"

美国幽默作家比林说过："一生中的麻烦有一半是由于太快说'是'、太慢说'不'造成的。"不懂得合理拒绝的人，他的人生将会因此而增添无数的烦恼。可见，人生在世，不仅要懂得拒绝诱惑，对于别人的一些无理要求也要学会说"不",否则,你的人生将会因为不懂得拒绝而变得非常"忙"。

第三,劳逸结合,忙的时候才更有效率。所谓"磨刀不误砍柴工",口耳相传了数百年的古人的智慧不是没有道理的。当你忙得头脑发昏的时候,你的注意力和效率也会大大降低,成就也好,业绩也罢,都会大打折扣。另外,长期的脑力或体力透支对你的健康也绝对是一个极大的挑战。所以,不管有多少事情在等着你做,你都应该学会让自己忙中偷闲、稍作歇息,之后,再次投入工作,这时你会惊喜地发现原本困扰自己的难题很轻松地就搞定了。

> **不"瞎忙"的活法**
>
> 忙,是个人价值的体现,能干的人往往会被分配更多的任务。但如果你一直处于"瞎忙""穷忙"的状态,那就只能说明你还不够聪明。从现在开始,给自己一个充分的思考空间,整理出一个新的"忙"计划,让接下来的每一份忙碌,都能收到最完美的效果。

为"梦想"而战——众人迷"忙",我独醒

纪伯伦曾经说过:"我宁可做人类中有梦想和有完成梦想的愿望的、最渺小的人,而不愿做一个最伟大的、无梦想、无愿望的人。古往今来,无数英雄人物志存高远,胸怀鸿鹄之志,创造了辉煌的人生,成就了千秋帝业,青史留名。所以,人生要为梦想而忙,这样才更有意义。

不要因为忙碌忘记了当初的梦想

现代社会,很多人都很忙,但是再忙也不要忘了自己曾经的梦想。

刚子30岁时已经是一家互联网公司的总经理,每天忙忙碌碌,有时客户催订单,他就要出差很久。虽然收入很高,但他总觉得自己的内心从未被填满过。他有一本相册,里面是他年少时的摄影作品,有些还在国际上获过奖。对于刚子而言,工作只是养家糊口的一种责任,是不得不去面对的现实,摄影则一直都是他梦寐以求的理想。刚子从小就喜欢跟在镇上摄影师的后面,在他心里,一架小小的相机就能包罗万象,是一件十分神奇的事。那时候他就下定决心要成为一名出色的摄影师,可惜父母对他的这个爱好并不看好,甚至反对。一是他们觉得摄影毫无技术含量,是闲人玩乐的东西;二是他们觉得刚子还年幼,根本不懂事,哪里懂什么梦想不梦想的。他们只知道,刚子如果能考个好大学,就可以找一份像样、体面的工作,再娶个懂事的媳妇儿,那样他们也算对祖上有所交代了。

父母的反对和不理解让刚子不得不和自己喜爱的摄影说再见。尽管闲暇时候他依然会偷偷跑出去拍几张照片,但渐渐地,刚子也意识到梦想与现实之间的差距,自己所谓的坚持在生活的压力面前显得那样苍白无力。他决心彻底放弃摄影,把自己所有的摄影器材和照片都锁了起来,按照父母的意愿过着普通人朝九晚五的生活。

刚子没有辜负父母的期望,他找了一个温柔贤惠的媳妇儿,生了个可爱的女儿。一天，上幼儿园的女儿问他："爸爸，今天学校老师问我们，你的梦想是什么？爸爸，到底什么叫作梦想呀？"面对女儿的疑问，刚子哑口无言。自己的梦想是什么呢？如果说年幼时的梦想是成为一名摄影师，那现在自己的梦想又是什么呢？这时，他才意识到"梦想"这两个字对他来说已经太过遥远了。从那天之后，刚子一直在考虑一个问题——一个关于梦想的问题。他回想到小时候老师也曾问过自己同样的问题，他甚至清楚地记得自己当时回答时那种自信和一本正经的神情。不知不觉，他的内心似乎有什么被慢慢点燃，他翻出自己曾经拍摄过的作品，心里一阵激动。梦想，就像一种无形的吸引力，正召唤着他前进。不过很快现实就把他拉了回来，他有了家庭，也担负着责任，一旦辞职去追寻所谓的梦想就代表着他选择了自私。他把自己的想法告诉了妻子，没想到妻子出乎意料地支持他："虽然你现在不再年轻，但是追寻梦想什么时候开始都不算晚。更何况，我们应该追求的不是实现梦想那一刹那的短暂快乐，而是在追逐梦想的道路上所品尝的喜怒哀乐。"妻子的话让刚子动容，也让他坚定了信心。他辞去了别人眼里的高薪工作，重新捧起了心爱的相机。

我们无法预料刚子在摄影方面能取得什么样的成就，但我们可以猜想，当刚子重新捧起相机时，他内心的喜悦和激动一定是无与伦比的。

出生在伊利诺伊州的丹尼尔从小就梦想着要进圣母大学打橄榄球。高中毕业时，他的学习成绩是全班倒数第3名，体重86公斤，身高只有1.67米，奔跑速度又慢，所有这些都达不到圣母大学的招生标准。于是，他只能进一家专科学校，读了一个学期之后，因成绩不佳被退学。无奈之下，他只好到家附近的发电厂工作，两年后又去服兵役，退伍后继续回到发电厂工作。

服役期间，丹尼尔发现在长官和战友的眼中，自己并不笨，又负责任，所以他不想浑浑噩噩、一事无成地了此一生，圣母大学的梦想重新回到了他的心中。退伍后不久,他不顾朋友、家人及同事们的反对和奚落,毅然辞掉工作,搬到印第安纳州的南湾就读圣母大学的附属学校——圣十字学院。

丹尼尔用了两年的时间刻苦学习,每学期的平均成绩都超过4.0(5.0为满分),终于达到了圣母大学的入学标准。于是,高中毕业8年后,26岁的丹尼尔进入了圣母大学。按照规定,丹尼尔只剩下两年时间可以参加大学的运动竞赛,而他又以垫底的身份加入了橄榄球队——说白了,他就是个球童。然而他一直没有放弃梦想,每天都尽自己最大的努力去练球,功夫不负有心人,他终于排在了板凳球员的前端。

最后一个球季是丹尼尔生命中仅有的两次上场比赛并担任四分卫球员的机会。第一次上场,由于过度兴奋又没有经验,丹尼尔表现不佳,但他没有气馁,不断想象比赛进行的情境。第二次上场担任四分卫后,在比赛结束时,丹尼尔竟然成为圣母大学史上唯一一个被全体队员抬着走出球场庆祝胜利的四分卫球员。

后来,丹尼尔的故事在好莱坞被搬上大银幕。一位从小就被认定没有运动天赋的人,却靠着坚持和毅力克服一切障碍去达成心愿,这是多么了不起的壮举。

梦想能创造奇迹,这句话不是夸大其词。只要肯从现在开始创造,梦想实现的那一刻,也就是你的生命发生奇迹的时刻。

在新西兰的草原上,有一位贫穷的牧羊人带着自己的两个儿子过着艰难的生活,他们唯一的生活来源就是靠替别人放羊来赚取佣金。有一天,他们将羊群赶到了一个小山坡上,就在这时,一群大雁从他们的头上飞过,牧羊人的小儿子问父亲:"爸爸,大雁要飞到哪里去呢?"

他的父亲回答:"它们要飞到一个温暖的地方,在那里度过寒冷的冬天,然后等到春暖花开时,它们再飞回来。"

牧羊人的大儿子听了,羡慕地说:"要是我们也能像大雁一样在天空自由飞翔就好了,那我们就可以飞到天堂去,看看妈妈是不是在那里。"

牧羊人沉默了一会儿,用慈爱的口气对两个儿子说道:"只要你们想,你们也能飞起来。"

两个儿子牢牢记住了父亲的话。在之后的日子里,他们慢慢积累资金和经验,并不断地学习和研究当时最前沿的机械制造技术。经过一次又一次的实验,他们终于飞了起来——他们发明了飞机,创造了人类航空史上的奇迹。他们就是美国的莱特兄弟。

梦想可以说是一个人的灵魂,物质基础再结实,灵魂不纯净、不高尚,依然不能算是一个成功的人。所以,无论你走到哪里,都请带上自己的梦想,并不断为之努力。

为自己的梦想努力一把,做自己想做的事,一切从行动开始,每天坚持,五年、十年下来,你也可以成为该行业的专家。记住,梦想不是空想,需要靠行动和坚持不懈才能实现!

不"瞎忙"的活法

即使生活再忙,也要停下来做自己想做的事。梦想,什么时候开始都不晚,重要的是对梦想的那份坚持不能变。那么,如何才能不辜负曾经的梦想呢?

1. 学会权衡

梦想并不意味着对责任的放弃,二者并不矛盾。无论何时,当你准备开始追逐梦想时,不要忘记自己身负的责任。责任与梦想同行,才能让自己的梦想变得有目标和有动力。

2. 梦想并不是幻想

梦想可以远大,但一定要符合实际。空谈和幻想永远也不会有实现的那一天,只有脚踏实地地保持一颗追寻梦想的心,把梦想与现实结合起来,才能让自己离梦想更近一些。

3. 学会坚持

每个人都有梦想,只是有些人最终选择了放弃,有些人咬紧牙关为梦想而坚持努力。懂得坚持,懂得享受追梦的过程,无形之中我们会收获出人意料的惊喜。

开启梦想的大门，一定要找对钥匙

如果说梦想是支撑我们为美好未来努力的持续动力，那么目标则是随时为我们指引方向的灯塔。为梦想、为目标而忙，是值得鼓励和赞赏的，这是我们人生价值的最高体现。但是为了梦想和目标把自己弄得忙碌不堪、筋疲力尽，却不是我们实现梦想和目标的最佳方式。如果这句话恰巧是你的生活写照，那么，你应当检讨自己，是否在追寻理想和目标的过程中出现了以下问题：

第一，梦想太多、目标太繁杂。

这个世界上，总有人幻想将自己打造成一个十分优秀、样样精通的人，于是他们一会儿给自己制订一个学习目标，一会儿又给自己制订一个挣钱目标；一会儿要让自己情操高尚，一会儿又希望自己手艺高强。总之，凡是能够提升自我的方法和手段，他们一定要面面俱到，起码要看起来面面俱到。把所有想到想不到的、做到做不到的计划都列入自己的努力范围之内，这样的人往往忙到最后仍然一事无成。

一个年轻人曾经为自己的事业没有突破而非常苦恼。一个难得的机会，他有幸求助于昆虫学家法布尔："我每天都非常认真地工作，把所有的精力都放在我所钟爱的事业上，但我的事业却没有起色。我苦恼极了。"

法布尔听了，问："是吗？那我可以了解你都在为哪些事业奋斗吗？"

年轻人回答："我的兴趣广泛极了。我爱好文学，对艺术，比如音乐和美术,也极为感兴趣。另外,科学也特别吸引我。我几乎把所有的时间都花在了艺术和科学上,但我好像什么都没得到。"

法布尔听后没有直接作答,而是拿出一块放大镜,调试好角度后让阳光聚集到一个焦点上。接下来,他对年轻人说:"试着把你所有的精力集中到一个点上,就像这块放大镜一样。"

法布尔之所以能成为著名的昆虫学家,就是因为他够专注,将自己所有的精力都放在了对昆虫的研究上。为了观察昆虫的习性,他常常一大清早就俯在一块石头旁,一看就是一整天。有些村妇早上去田间劳作时发现法布尔在那里一动不动,黄昏时回家见他仍然在那儿。她们想不明白,法布尔为什么像中了邪一样,花一天的时间只盯着一块石头。而这也正是法布尔成功的秘诀。

人的精力是有限的,在一个阶段之内,能将一件事做好、实现一个理想,已经很不容易了。所以,如果你有很多理想,要先抓住最喜欢的一个,朝着它去努力。只有目标专一,你的全部能量才能在这一个点上爆发,你的理想也才有可能变为现实。

第二,面对目标,注意力总是不集中,容易被其他不重要的事物分散精力。

一位经常外出打猎的猎户,有一次带着自己的三个儿子到草原上打野兔。父亲先是教孩子们如何把子弹上膛、如何扣动扳机等准备工作。一切准备就绪之后,父亲问了他们一个问题:"现在你们的眼里看到什么了?"

大儿子抢先回答:"我看到了野兔,还有一些小鸟,另外还有猎枪和一望无际的草原。"父亲听了不置可否。

接着,二儿子说:"除了哥哥说的这些,我还看到了爸爸、哥哥、弟弟,还有我自己。"父亲听了摇了摇头。

这时，沉默已久的小儿子说话了，他淡淡地说："我只看到了野兔。至于别的，我都没有看见。"

"非常好！"父亲拍着小儿子的肩膀说，"现在，射击吧！"

小儿子对准目标，一枪射了出去。枪声响起，野兔立刻倒地。

父亲语重心长地对三个儿子说："真正懂得打猎的人，眼里只有自己想打到的目标，其他什么都没有。"

如果一个人想要做出世界上最美味的菜肴，却一直纠结于装菜的盘子是否最美观、桌布是否最洁净，那么他做菜的精力一定会被分散掉一部分，做出的菜也就达不到自己预想的那样美味。因此，当你致力于做一件事情的时候，就要将身体的全部能量都锁定在这个目标上，不要为无用的边角杂事浪费时间和精力。

第三，即使理想无限美好，也不要在追求理想的路上苛求完美。

世界上没有什么事情是完美的，哪怕是你付出毕生精力去追求的理想。我们对待理想，应该发挥哲学家的精神，学会抓它的主要矛盾，只要它的重要部分已经呈现，就不要过于纠结其他细枝末节，不要追求面面俱到。否则，你将陷入对自己的苛求和自责之中无法自拔。

有个故事叫《缺失的一角》，讲的是一个圆发现自己缺了一角，不够完整，以至于不能飞快地转动，于是它决心找到那缺失的一角。最终，它真的把缺口补上了，可以如愿以偿地在路上飞速往前冲了。可这时它才发现，自己再也不能欣赏路旁的美景，再也不能停下来跟朋友闲聊了。思量再三，它干脆把那一角又卸了下来，甘愿做个不完美的圆。

总之，追求长期的理想也好，达成近期的目标也罢，我们必然要全力以赴，但不能苛求面面俱到。面面俱到的理想境界几乎是不可能达到的，即使达到了，你的理想也不会完美，因为你只是实现了它，却没有时间和精力来享受它。

不"瞎忙"的活法

如果想要实现自己的梦想,需要从以下四个方面入手:

1. 对实现自己的梦想有坚定不移的信念。要做到一旦确立目标,就有排除一切麻烦或干扰也要完成的坚定信念,不要轻易被困难打倒,更不能半途而废。

2. 克服一切困难前行。针对实现梦想的路上可能遇到的困难和挫折,懂得借助他人的智慧。

3. 懂得运用科学手段与方法。要将方方面面考虑清楚,并且及时采取应对措施,只有这样,才能更快地实现目标。

4. 对失败不要气馁。当梦想或目标不能马上实现或面临失败的时候,也不要垂头丧气,应该积极调整自己的心态,重拾信心,向梦想出发。

未来不可预知，你唯一能做的就是坚持

阿里巴巴的创始人马云曾连续求职失败，但他不管别人的冷嘲热讽，一直坚持着。正是凭借这种坚持不懈的精神，马云最终创办了阿里巴巴并成功上市。马云曾经说："有梦想是最开心的。要坚持自己的梦想。有梦想的人不胜枚举，但能够坚持的人却屈指可数。阿里巴巴之所以能够成功，是因为我的团队一直在坚持。有时傻傻地坚持比不坚持要好得多。"

的确，梦想是需要坚持的，只有坚持不懈才有可能实现，也只有坚守梦想的人才能拥有卓尔不凡的人生。

开学第一天，大哲学家苏格拉底对学生们说："今天咱们只学一件最简单也是最容易做的事。每人把胳膊尽量往前甩。"

之后，苏格拉底给学生们做示范，并问大家："从今天开始，每天做300下，大家能做到吗？"

听老师这样问，学生们都笑了，在他们看来，这件事情太小儿科了，如此简单的事，怎么会做不到呢？

一个月后，苏格拉底问学生们："哪些同学坚持每天甩300下了？"90%的同学骄傲地举起了手。

又过了一个月，苏格拉底问学生们同样的问题："有哪些同学坚持每天甩300下了？"这次，只有八成的学生举起了手。

一年后，苏格拉底再一次问学生们："有哪些同学坚持每天甩300下？"

苏格拉底问完后，偌大的教室中，只有一名学生慢慢地举起了手。这名学生就是后来闻名天下的大哲学家柏拉图。

很多人都有远大的梦想与奋斗目标。为什么有些人经过努力，最终实现了梦想，成就了非凡的事业；而有的人却没有实现梦想，依然碌碌无为地活着呢？

其实，这些人之所以没有实现梦想与目标，是因为他们缺少坚持的精神，一遇到挫折和失败就轻易地选择了放弃。这样的人，往往因为一念之差与成功失之交臂。而那些实现梦想的人，内心坚强、执着，面对困难与挫折没有一丝一毫的退缩，而且一直坚持为梦想而努力打拼。

很多人羡慕天才，其实这个世界上没有天才，所谓的天才，都是长期坚持不懈地学习奋斗的人。无论是谁，要想实现梦想，就一定要坚强地面对困难，无论遇到多大的困难，都要有"咬定青山不放松"的意志。梦想的实现不是一蹴而就的，更不是一帆风顺的，在实现梦想的过程中，会遭遇无数困难和挫折。当困难绊住你前行的脚步，当失败挫伤你进取的雄心，一定不要轻易放弃，而应选择坚持下去。

有一个推销员，在向客户推销产品的时候，总是遭到客户的拒绝。每次客户拒绝他时，他心里就会感觉很不舒服，但他又不想放弃这份工作。不经意间，他想起了小时候，自己戏弄青蛙时的情形。那时，每次戏弄青蛙，青蛙的眼睑非但没有闭起来，反而还一直瞪着他。由此，他恍然大悟：一个人在遇到挫折，感觉忍无可忍时，与其退缩，不如学会接受，把所有的磨难当成一种享受。这就是"青蛙法则"。

当你在逐梦的路上遇到不顺时，不妨试着应用一下"青蛙法则"，学习那只青蛙直面困难的精神。

每个人都有自己的梦想，要想实现梦想，一定要有坚强的意志和坚定的信念，要承受得住挫折，耐得住寂寞。

德国大诗人席勒说:"只有恒心可以使你达到目的。"所谓恒心,就是持久不变的意志,是在坚持不下去的时候依然有再坚持一下的决心。

> **不"瞎忙"的活法**
>
> 每个人在追逐梦想的旅程中都会遇到挑战、挫折与失败,只有坚持不低头,不倒下;倒下了,再站起来,才能有机会赢得开启成功大门的钥匙。当实现梦想,取得成功的那一刻,你一定会深深地感谢自己,曾经那么不懈地坚持。

朝着正确的方向努力,少做无用功

梦想赋予了年轻人努力的方向,不管它是残破不堪的,还是在现实中变得越来越单薄,又或者正如五月的鲜花蓬勃怒放,都能够指引年轻人的航向,从此不再"瞎忙"。

现代社会不断向年轻人传递着各种信息,关于"什么才是正确的梦想"这一问题,恐怕已经很少有人能够回答出来了。很多年轻人直接宣称,自己拥有"很大的梦想""更大的梦想""最大的梦想",这里"大"的概念十分宽泛。

另外,还有一些年轻人拥有"小"的梦想,这也和他们的目标紧紧相连,不过所谓的"目标清单"就像超市里的"购物清单"一样,显得过于肤浅——他们的梦想仅仅局限于一辆外观精美的跑车、一栋带有木地板的房子,甚至仅仅是结婚,生一个可爱的孩子。这些梦想也许是出于内心的渴望,也有可能只是盲目地迎合大众的需求。

不管你的梦想是源于一时的兴趣,还是由于争强好胜的心理,又或者是为了光宗耀祖、扬名立万,只要它们与你内心的渴望不吻合,就算实现了又有多大的意义呢?很多年轻人在不断地确定梦想和追逐梦想的过程中使自己精疲力竭,最终没有取得成功。这时候你就必须停下匆忙的脚步,好好地调整自己的梦想,不要再做没有回报的无用功。

梦想需要坚持,但是不能过于执拗,甚至钻牛角尖。要知道,无法实现的梦想可以优化,全新的梦想也许更容易令你获得成功。

第二章
为"梦想"而战——众人迷"忙",我独醒

他生下来就没有四肢,但是却用自己独特的方式彰显了生命的意义:很小的时候,他就饱受嘲笑,一度想结束自己的生命,但最终他选择了活着;他突破了身体的极限,创造了数不清的奇迹;他的脸上永远都是阳光般的微笑,让人如沐春风;他的志向是做一名演说家,用自己的经历去激励每一个人;他自始至终怀着一颗感恩的心去回馈这个世界,用爱去温暖每个人的心灵。他的人生信条就是——永不放弃!他就是不断创造奇迹的尼克·胡哲。

1982年12月4日,尼克·胡哲出生于澳大利亚墨尔本的一个普通家庭。他出生时就没有四肢,只有一个长着两根脚趾的小脚。他的妹妹经常戏称他为"小鸡腿"。

上学时,尼克也遭受了别人的嘲笑:"你这也不能做,那也不能做,像你这样的人,有谁会愿意和你交朋友呢?"很多时候,尼克也觉得自己永远都不会被人喜爱和接纳,他多么希望能够和别人一样在广场上踢球、骑脚踏车、玩滑板……但这些都是无法实现的。他开始不停地问自己:"为什么而活着?活着就只是为了等待死亡吗?我的生命难道不该有一个目标吗……"对于这些问题,他都没有答案。在尼克10岁那年,他曾3次试图把自己溺死在浴缸里,但是没能成功。在父母的鼓励和悉心照顾下,尼克渐渐放弃了轻生的想法,直面人生,坚强成长。

不难想象,尼克在成长的过程中遇到了无数困难,有很多事情并不像其他人做起来那么容易,但他总是想尽办法去完成正常人能轻而易举办到的事,比如刷牙、洗脸、运动等生活上的小事。经过长期不懈的努力,他那只有两根脚趾的脚终于找到了平衡感,这也让他创造了一个个奇迹。

这样的不幸对于任何人来说都是致命的打击,可是尼克·胡哲却顽强地活了下来,并最终实现了自己的远大梦想。

现在的尼克已经是全世界最著名的励志演讲家之一。他去过 40 多个国家进行演讲，演讲的次数超过两千次，有近 500 万人听过他的演讲，其中还有十几个是国家的总统。

尼克无疑是成功的，不过他的梦想之旅也和多数残疾人一样，充满了坎坷。在一次演讲中，尼克说："13 岁的时候，我有了自己人生的第一个梦想，那就是成为一名演讲家，希望可以用自己的经历去影响别人，可是我的父母并不同意。我记得很清楚，当我将自己的想法告诉母亲的时候，她正在厨房里洗碗。她质问我，你能够演讲什么？你怎么去你演讲的地方？别人会付给你钱吗？这些问题我都无法回答她，因为我自己也没有答案……"

"可是我知道，只要去尝试，就有成功的可能，如果不去尝试，那么永远不会有答案。"尼克无比坚定地说。为了实现自己的梦想，他不断给别人打电话，到处联系演讲，在被拒绝了 52 次之后，他终于获得了第一次登台演讲的机会。虽然那次他紧张得汗水直流，最后的效果也差强人意，不过他总算向成功踏出了第一步。之后不到一个星期，便有一所学校主动联系他，于是他的演讲生涯就这样开始了。

在这所学校演讲结束后，有一位 16 岁的男孩哭着对尼克说："你说只要努力奋斗，一切梦想都会实现，可是我的梦想却永远无法实现了。因为我得了一种病，以后会长得很高，而我的梦想是成为一名飞行员。"

尼克听了男孩的话，安慰他说："永远不要放弃自己的梦想。你的梦想可以改变方向，因为在人生的拐角处，你会有更多意外的收获。"

几年过去了，当尼克再次来到那所学校的时候，那个男孩果然长得更高了，就像一个"小巨人"一样。不过他十分欣喜地告诉尼克："上次和你交流之后，我就改变了自己的梦想，不再执着于成为一名飞行员，而是拿起了自己心爱的吉他。现在我有了自己的乐队，过段时间就要出自己的专辑了。谢谢你，是你改变了我的一生。"

现实生活中，并不是所有的梦想都能够实现，有的梦想本身就不切实际。当你的梦想需要进行优化时，就必须停下脚步慢慢思考，只要及时做出调整，就会迎来新的成功。

不"瞎忙"的活法

随着时间的推移以及现实的变化，梦想也会跟着发生改变。所以最明智的做法就是每过一段时间就检查一下那些花很多时间和精力也难完成的梦想，需要你勇敢地把不合时宜的梦想统统舍弃，根据实际情况及时优化，少做一些无用功，及早摆脱"瞎忙"的状态。优化梦想，并不意味着放弃，如果你的梦想还有实现的可能，就不要轻言放弃。所谓优化，只不过是让你换一种方式、换一个角度去追逐自己的梦想，因为这样有时候会比之前更容易成功。

带着梦想一路前行,有梦就有希望

网上曾流传过一句话,叫作"理想很丰满,现实很骨感",意思是说,一个人的梦想可以丰富多彩,但实现的过程却很艰难。同时也表达了当下年轻人对梦想的憧憬以及无法实现梦想的无奈。的确,每个人都有美好的梦想,但并不是每个人都能实现梦想。因为梦想往往建在较高的想象层面,需要我们有足够的资本和能力去支撑它。而现实却往往不尽如人意,"骨感"得难以支撑起那沉重的梦想。

但值得欣慰的是,这个世界上仍然有很多人能够实现梦想。并且,他们之中有很多毫无背景和资本,凭着自己的努力白手起家,最终登上了成功的高峰。这既给了我们精神上莫大的鼓励,同时也给了我们探索的勇气:他们是怎样在穷困的背景下创造出一片辉煌的呢?为什么我们整天在为梦想奔走忙碌,忙出的收获却少得可怜呢?

其实忙碌并不是实现梦想的充分条件,关键在于,你要知道自己在忙什么。如果我们将梦想比作一座精美的建筑,若你只是拼命努力在图纸上勾画,那么一辈子也无法将它变为现实。如果你手中没有砖瓦,没有木头,没有油漆,那么,你不妨把图纸先叠起来,装进口袋,带着它去赚取砖瓦、木头和油漆。这就是我们说的要"带着梦想一路前行"。这时你同样是忙,看似所忙的内容离梦想有点远,但其实你每一步的忙都是在朝着梦想快速迈进。

日本著名建筑师安藤忠雄高中毕业后,自修一年读完了东大建筑系四年的课程。他非常渴望环游世界,参观各国的著名建筑。然而,那需要一笔高昂的费用,家里无力支付。安藤忠雄没有放弃,他通过练拳击当职业拳手然后出国比赛赚了很多钱,得以走遍全球各地并参观了各国建筑。

后来,他开始创业。因为没有名气,他很难得到业界的认可;没有名牌大学的文凭,他甚至很难在圈子里立足。有人劝他说:"你还是到一家公司找份稳定的工作吧。"安藤忠雄不甘心,坚持创业。他的建筑设计作品除了造型、艺术特征与众不同之外,更强调居住的舒适与安全性,经过不断尝试,四处自荐,他终于一步一步开创了自己的事业,成为国际知名的建筑师。

带着梦想前行,不是让你忘却它,而是要你在前进的每一步中都铭记着它,提醒自己应该为之做出努力。只有这样,你才有明确的前进方向。另外,时常将它拿出来警示自己,你就会知道,自己的梦想之城还需要什么材料、什么工具,以及还需要具备怎样的能力。这样,你才能进步得更快,提升得更快,距离成功也才会越来越近。

有一个叫爱德文的年轻人,没有钱,没有背景,也没有傲人的学历,但是他特别渴望到发明大王爱迪生的企业里做事。他写了一封自荐信给爱迪生,但是忙碌的爱迪生完全顾不上给这样一个毛头小子回信。爱德文的求职信自然石沉大海。

然而,爱德文并不灰心,他决定直接上门拜访,毛遂自荐。没有钱坐火车,爱德文就一路搭乘货车,甚至徒步走过了某些地段,历尽千辛万苦才到了新泽西州西橘市——那里有爱迪生的一个工厂。爱德文找到爱迪生后当面向他求职。爱迪生一开始仍然没有用他。遭到拒绝的爱德文没有放弃,他一再恳求爱迪生给他一份工作——无论怎样的工作,只要能够为发明大王效力就好。

终于，爱迪生被他的诚恳所打动，录用他在研究室里打杂。虽然薪水很微薄，但是爱德文很用心地工作，并且在工作中不断充实自己，补习以前没有学过的知识。

有一次，爱迪生研制了一款新型家用电器，由于外观并不吸引人，所以许多经销商看了都没有兴趣做代理。爱德文看到机会来了，自告奋勇地对爱迪生说："先生，能不能让我试着去推销一下？"爱迪生将信将疑地点了点头。

第一次出去做销售，爱德文非常重视自己的言行举止和态度，他甚至为自己订做了31套西装，每天换一套，每月轮换着穿。无论从穿着、言行举止，还是对顾客的服务态度，他都非常用心，注意到每一个细节。他的销售做得非常成功，后来，爱迪生正式聘用他做自己公司的专职销售，所有产品都由他负责推广营销。几年之后，爱德文成了爱迪生的事业伙伴，赚了很多钱，四十几岁的时候，爱德文就早早退休，到佛罗里达州去享受他接下来的人生。

不"瞎忙"的活法

梦想不是等来的，也不是上帝赏给你的，而是自己争取来的。只要你感谢梦想的存在，因梦想而快乐，时刻坚守自己的梦想，时刻用它来激励自己，时刻明确知道该为它做出怎样的努力，那么，梦想的实现就会成为必然，只是时间早晚的问题。

用行动坚守梦想的步伐

有了梦想并不代表你就可以获得成功，梦想还要靠行动来实现。那么，如何才能梦想成真呢？

第一步：回答跟自己有关的三个基本问题。

这三个问题是：

1. 我是谁？也就是说，我有什么兴趣？我有什么特别才能？什么事情能带给我莫大的乐趣？诚实回答"我是谁"这个问题，可以让你明了自己有什么特别的才能与优点。

2. 我想要什么？绝大多数人对于他们的生活目标，以及究竟想要什么，只有模糊的概念。

3. 我如何达到生活的目标？每个人都有各自的特点和不同的生活目标。要知道如何利用自己的特点去实现目标。

第二步：梦想的细节问题，而不是包含一切。

在知道我是谁、我想要什么以及如何达到这个目标之后，下一步就是弄清楚我所要的究竟是什么。

人们在述说自己的梦想时，通常会这样说"我希望赚很多钱""我想找个更好的工作""我想开创一份属于自己的事业，自己当老板"……这些梦想有一个共同特点——它们太模糊了。"很多钱"究竟是多少？"更好的工作"究竟是什么样的工作？开创属于自己的事业，究竟是哪一种事业？明确定出梦想范围的人，要比那些对自己的梦想只有模糊概念的人拥有更多实现的机会。如果你希望多赚一点儿钱，就要明确说出你计划在什么日期之前赚到多少钱。如果你的目标是获得更好的工作，那么请你详细描述一下你所希望的工作的性质。如果你梦想开创属于自己的事业，请描述是哪一种事业，以及你希望在什么时候开展这项事业。

大多数人都有很多梦想。做个有创造性的梦想者吧——明确自己所希望达成的目标是什么。

第三步：为你的梦想定一个实现的时间表。

当人们为自己正在从事的工作定下完成期限或时间表时，工作就会更快、更有效率。

有两个受过高等教育的年轻人，他们都很擅长电脑系统的设计，于是两人决心开设一家咨询公司，替那些无法设计自己电脑系统的小公司提供服务。他们在每个周末计划他们未来的事业，连续计划了一年。第二年，他们仍然继续这样计划。一直到了第三年，他们发现这方面的竞争太强了，于是就放弃了开设咨询公司的想法。

想想看，如果他们一开始就这样决定："我们将在每个周末计划，期限为一年（或六个月），然后开设自己的公司。"那么很可能是另一种结果了。

唯有采取行动才能成功，光是无休止地计划如何行动，是无法实现梦想的。

第四步：想象梦想已经实现。

如果你的梦想是获得一笔可观的收入，那么就把这笔收入的数目写在纸上，然后把这张纸条贴在你车子的方向盘上或浴室的镜子上——任何地方都可以，只要能够每天提醒你几次就行了。或者当你独自一人时，请大声地说出来要每天这样做，慢慢地，你的潜意识将引导你实现你的梦想。

第五步：对你的梦想做出完全的承诺。

有一项不为人所了解而且也很少被运用的心理学法则说，没有任何事情能够阻止一个完全投入的人实现他的目标。从另一方面来解释，如果你下定决心，愿意做必要的牺牲，并且一直提醒自己努力实现目标，那么你将能够实现你的目标。

一个人的能量总是有限的，如果将自己的能量都耗费在怀疑自己、否定自己上，就把实现自己梦想的可能毁灭了。做任何事，如果在心里就认为不会成功，那你离失败就不远了。一个人想着成功，就有可能成功；想的尽是失败，就会失败。因此，一定要把"我可能不会成功"的想法摒弃，用踏踏实实的行动把事情有可能出现的瑕疵或者困难、障碍一一克服，才能让自己的梦想成为现实。

不"瞎忙"的活法

梦想会让一个人变得伟大，会让一个人的生活变得多姿多彩，不再那么枯燥乏味。不仅有梦，而且还要努力去实现它。那些有梦却不去实现的人，无论梦想多么美丽也只存于幻想之中，不会给你的生活带来什么变化。一个人可以什么都没有，但不能没有梦想；可以什么都丢弃，但不能丢弃梦想。有了梦想，就用实际行动把它变成现实吧。

不偏离目标——低头拉车，更要抬头看路

日常生活中，我们当真忙得晕头转向，找不到东西南北吗？事实并非如此。大多数的人只是习惯了忙碌，所以才从未想着要停下来。忙碌，至少表明我们肯努力。然而，一塌糊涂地瞎忙，就有可能让自己偏离原来的目标，不仅忙而无果，更让自己的身心受损，可谓得不偿失。所以，当我们低头拉车的时候，更要时不时地抬起头看清楚前方的路。

装忙也是一件技术含量较高的活儿

工作一天之后，很多人回到家里说的第一句话就是"累死了"，你真的很累吗？其实，很多时候是因为丧失对目标的管理，才会令我们呈现疲态。

现代人每天都在"冲锋陷阵"，忙和累成为生活的常态。换个角度来看，累是充实的佐证，说明你在努力工作。但是你有没有想过，既然充实，心中应该是很满足的，可为什么有的人总是感觉自己身心俱疲呢？

我们常说"身体是革命的本钱"，但有些人对身体疲惫的状态采取放任不管的态度。在他们看来，总是关注身体势必会浪费时间，影响个人的职场发展。为了获得更好的生活，现代人把自己当成了金刚，上班兢兢业业，一个人干两个人的活；下班忙忙碌碌，参加各种培训充实自己，以便更加适应这个社会。于是我们经常忙得脚打后脑勺，累得不成人形，晚上回家顾不上洗漱就和衣而睡。

郑小敏是一家外企的白领，更是一个韩剧迷，不管下班后有多累，晚上都要看大半宿的韩剧。这样一来，她的作息时间完全乱了，直接的恶果就是上班的时候一点儿精神都没有。

郑小敏最开心的时间就是每周的周五，因为第二天就是周末了，可以好好补充一下睡眠。可是到了周一，她便情绪低落，总是不情愿地来到公司，逢人便说："我太累了，上班累，回家也累，累得我死的心都有了……"

同事张婷芳注意到郑小敏的状态，仔细询问后说："原来是因为晚上看韩剧,你才这么累啊!如果你再这样看下去,没有精力完成自己的工作,老板会扣你工资的,到时你怎么办?"

听了张婷芳的话,郑小敏不以为意,依然我行我素。没想到居然被张婷芳言中了,因为一个工作的重大失误,郑小敏被公司解雇了。

有的人累是因为完成了一个大项目,这种累是充实的,是一种收获。有的人一到公司就喊自己太累了,像上面例子中的郑小敏一样,总说自己昨晚根本没休息好,晚上回家一定要好好睡一觉,可是到了晚上,又想起某个精彩的电视节目,于是点灯熬夜从头看到尾,严重影响了睡眠。这样的人根本不了解自己的目标是什么,一直在浑浑噩噩地混日子。

耶鲁大学曾经做过一个调查,结果显示大学里只有3%的学生会为自己制订目标,并且能心无旁骛地完成。经过进一步的跟踪调查,发现这3%的学生所取得的成功要远远大于其余97%的学生。很多时候,判断我们是否成功的标志不是我们做了哪些事,而是我们能否专心致志地完成。

孙春华刚刚工作半年,每天下班回家做的第一件事就是跟父母诉苦:"爸、妈,你们不知道我这一天上班有多累,早上要制订工作计划,中午要完成会议记录,下午还要跟上司去见客户……你们都不知道那些客户有多难缠,一会儿让我说一下这个项目的计划,一会儿让我谈一下这个项目存在的风险,我哪知道什么风险啊……"

每次听完孙春华的诉苦,她的父母都会微笑以对,然后提起隔壁老陈家的陈冰:"隔壁家的陈冰跟你是同事,做的工作和你的一样,可是我们从没听老陈说陈冰回家抱怨过什么。"

"那是因为陈冰薪水多啊,我要是有她那么高的薪水,我也不抱怨!哎呀……反正就是累!"孙春华狡辩道。

孙春华的爸爸问她:"你就没想过为什么陈冰的薪水会那么高吗?我

可听老陈说了,他家陈冰从不出去应酬,哪像你难得回家吃一顿饭。不要小看这些应酬,这会浪费你很多精力的,这样一来,你怎么能有充足的精力去工作呢?"

为什么公司里总有一些人日理万机却依然活得轻松,不仅没抱怨自己疲累,反而很享受工作给自己带来的愉悦呢?答案是他们会优先处理那些有价值、紧急并且重要的事务,而且平时他们从不参加对工作没有帮助的各种名目的应酬。这些应酬貌似能沟通感情,实际上却是非常浪费精力的。如果因为应酬而导致身心俱疲,势必会影响第二天的工作状态。试问这样怎么能处理好工作上的事务,工作效率又怎么可能高呢?所以,要有目标地忙,没有目标地瞎忙只能让自己感觉到疲惫。

不"瞎忙"的活法

任何不去规划工作、忽视目标重要性的行为都会诱发我们产生疲劳感。只有拒绝那些不必要的应酬,忽视那些无用的事务,专注于自己分内的工作,才能保证高效,迅速实现目标,并且远离身心俱疲的状态。

找准方向，让自己的忙碌更有价值

不管做什么事情，最好先确立一个目标，并且有计划地去完成。比如，当来到公司开始一天的工作时，如果没有明确的目标，就很容易迷失方向，将大量时间花在不必要的地方却不自知。只有明确目标，才能找到努力的方向，进而将大部分精力放在重要的事情上，在努力后能有所收获。

拥有多重身份的阿诺德·施瓦辛格就是一个一生都在不断地朝着自己的目标努力的人。

施瓦辛格从小就非常崇拜美国健美明星里奇·加斯帕里，受他的影响，施瓦辛格也开始健身，他梦想着自己有朝一日能成为里奇·加斯帕里那样有气魄的人。但是，他的父母坚决反对他的想法和做法，因为在当时的奥地利，健身运动并不被认为是帮助人们有所成就的途径。父母希望施瓦辛格能好好学习，考上大学，然后做律师或者当医生。事实上，这是很多父母对子女的期望。

但施瓦辛格不这样认为，里奇不顾亲朋好友的反对，继续按照自己的想法追寻他那健美先生的理想。后来，施瓦辛格被征召入伍，但他依然没有放弃自己的理想。他冒着被军纪惩罚的危险，偷跑出军营，参加"少年欧洲先生"的选举，并获得了不错的名次。就这样，在兵役期间，他一举拿下了四项健美先生的奖项。

终于，施瓦辛格被里奇·加斯帕里发现了，里奇十分欣赏这位勤奋、有着坚强意志力并表现出色的小伙子。在里奇·加斯帕里的盛情邀请下，施瓦辛格来到美国，并得到里奇·加斯帕里的真传。这真是天赐良机，在这之后，施瓦辛格心中的信念更强了。接着，他又得到美国健身界的"教父"韦特的赏识，并在南加州受训。

小有成就的施瓦辛格依然坚持信念，又创出一套自己的健身方法。那时，南加州的训练方法太过懒散，很多人在健身时边说边笑，浪费时间。根据这种情况，施瓦辛格加强其健身方式，别人一周3次，他一周7次，每天上午练上半身，下午练下半身，每天都要训练6小时以上，而且常年如此。

后来，施瓦辛格在《施瓦辛格健身全书》一书中写道："想要肌肉增长，你必须要有坚强的毅力、常人无法想象的意志力，坚持忍受痛苦，对自己不能可怜，稍痛即止；你必须克服，甚至学会享受痛苦——别人做一遍或几遍，你要做20遍，加倍磅数。""千万不能有一点儿松懈，更加不能懒惰，想要成功，如果你没有顽强的毅力和坚持不懈的精神是不行的。"

在这样的精神劲下，施瓦辛格终于脱颖而出，成为享誉世界的健身先生，并连续获得了一届国际先生、三届环球先生与连续七届的奥林匹克先生荣誉。

施瓦辛格的目标尽管远大，但是，经过他的刻苦努力，最终都实现了。所以，他的目标并不是如海底捞月般虚幻无形。

因此，我们在人生任何一个阶段，都应该有这个阶段的清晰意念，假如没有清晰的意念和坚定的信念，就不能将心中所想转化为理想目标，并努力实现。

不"瞎忙"的活法

奥地利著名心理学家弗洛伊德曾经说过:"你必须明确,在你的潜意识里自己究竟想要获得什么,还要让你的潜意识为你将来的目标实现提供力量。"

具体而言,我们应当按照以下方式做:

1. 制订目标。明确自己最近一段时间将要完成的工作,仔细分析自己的性格特征、生活环境的变化以及在工作中有可能出现的困难或机会,并为此制订一份尽可能详细的计划。

2. 长期和短期的目标。根据自己的实际情况,最好将自己的长期目标分成几个短期目标去一步一步地实现。

3. 找出阻碍。分析自己完成目标将要遇上的一切阻碍,其中应包括自己的缺点或不足。需要指出的是,只需分析那些与所定下的目标有关的缺点,例如身体素质、自身学识、个人能力等。一经发现,就要及时改正。只有这样,才能让自己不断进步。

4. 提升计划。在实现目标的过程中,要学习一些新的技能、新的知识,提高自身的能力。

5. 寻求外援。别人的监督更有助于你在实现目标的过程中按事先列好的步骤完成。

你只是看起来很忙

失去方向的努力终将白费

许多事业有成的企业家或职场白领都喜欢打高尔夫球,这项运动之所以获得他们的喜爱,主要是因为打高尔夫球的时候,他们聪明的大脑与全身器官能够高度协调。所谓聪明的大脑,主要指观察与思考能力;所谓全身器官的协调,主要指手臂、腰部、腿脚以及眼睛等各个部位的配合。当然,要想进球,还需要判断方向并计算出精准的距离。

对于刚接触高尔夫球的人来说,他们总希望能把高尔夫球打得更远,而从未想过事先确定好球的运动轨迹。实际上,打高尔夫球时,打的方向要比打的距离更加重要!因此,经常打高尔夫球的人都明白这样一条法则:"方向和距离相比,方向更重要。"

其实,不管是在生活中还是在工作中,我们都可以借鉴打高尔夫球的这条重要法则去处理事情。因为只要方向对了,即便行进速度有些缓慢,也总有成功的一天;如果一开始的方向就是错误的,行进速度越快,距离真正的成功就越远,到头来,白费工夫。

确定一个正确的方向,对于打高尔夫球的人来说意味着某个球洞的具体位置;对忙于工作的我们来说,意味着将要实现的下一个目标,甚至是历尽千难万险也要实现的大梦想。

1952年7月4日凌晨,美国加利福尼亚州海岸完全被浓郁的雾气所笼罩。一个常年居住在该海岸线不远处的卡特琳娜岛上的34岁的费罗伦丝·柯德威克开始从太平洋出发,朝着加利福尼亚州海岸游去。一旦成功,柯德威克将会名声大噪,因为在此之前,她已经成功游过英吉利海峡。

那天的雾气实在太大,柯德威克甚至不能看清楚护送自己的船只。随着时间的流逝,她也已经游了很长时间了。此时,电视机前有许许多多的观众都在关注着这一事件的发展。

柯德威克开始烦躁不安了。引起她烦躁的不是身体疲惫,而是因为大雾看不清楚前方的目标。她一直坚持游了15个小时,直至觉得自己全身将要被冻僵才打算放弃,要求上船。当时,船上坐着她的母亲与教练,他们不忍心看到她就这么放弃,于是给她加油鼓气,柯德威克只好又坚持游了半个多小时。当她因全身冻僵被拉上船的时候,距离目的地只剩下不到半英里的距离了。

当柯德威克得知这一事实后,她感到从未有过的沮丧。她对记者说:"其实打败我的不是疲劳的身体,更不是海水的冰冷,而是因为雾气太浓,使我看不到前方的目标。"

如果你认准了一个发展方向,就应锁定这个方向,坚持下去,不要轻言放弃,努力向这个领域的高端化、纵深化方向发展。毕竟能够冲破重重阻碍、坚持不懈努力下去的人会越来越少,最终当你成为这个领域里的顶尖级的人物时,你就能感受到"凌绝顶"的境界。此时,你会发现,你一路走来所经历的艰辛、苦难,都是值得的。

如今,比塞尔作为非洲西撒哈拉沙漠中的一颗璀璨的明珠,每年都能吸引许许多多的旅游者到这儿参观游玩。然而,比塞尔被肯·莱文发现之前,不过是一个极为封闭且落后的地方。当时有传言说,没人能走出这片沙漠,当地人尝试过无数次都没能走出去,所以才被迫困在这儿过着贫穷的生活。

对于这个传言,肯·莱文表示不相信。他询问过很多当地人,结果大家都说了这样一句话：从此地出发，不管往哪个方向走，最终都会返回这里。

肯·莱文对此感到极为困惑。为了弄明白这究竟是怎么一回事，他雇用了一个叫阿古特尔的比塞尔人，让其为自己带路，想要亲自探索一番。他们只携带了半个月的食物与水，肯·莱文还将自己带来的指南针等专业设备全部收了起来，骑着双峰驼出发了。

经过10天的长途跋涉，肯·莱文和阿古特尔一共行走了将近800英里的路程。第11天上午，他们果真回到了出发的地方。此时的肯·莱文终于弄明白了比塞尔人为何走不出这片沙漠了，原来他们根本不认识北斗星。

实际上，当一个人在一眼看不到边际的沙漠里行走的时候，如果只依靠自己的感觉，那么，这个人就会像一把卷尺一样不断地转圈。再加上这个村子刚好位于无边无际的沙漠中央，根本找不到任何参照物，当没有指南针或不认识北斗星的情况下，的确很难走出这片沙漠。

肯·莱文准备离开这里的时候，又叫上了阿古特尔。在沙漠中行走的时候，肯·莱文教会他如何在夜晚的时候跟着北斗星的方向行走。最终，他们只用了3天的时间就走出了这片沙漠。从那以后，阿古特尔成了比塞尔的开拓者。时至今日，他的铜像还竖立在比塞尔城的中央地区。只要来到那座铜像面前，就会看到铜像底座上刻着的一行小字："新生活是从选定方向开始的。"

荷马史诗《奥德赛》中有这么一句至理名言："没有比漫无目的地徘徊更令人无法忍受的了。"事实上，我们的人生也是这样。可是，如今大多数人都在毫无方向性地做事，每天只知道忙忙碌碌，却不知道自己究竟在忙些什么，又有什么价值。因为没有方向，所以人生充满了迷茫。

只有确立一个目标，你才能用最快的速度跑到目的地。当然，如果你突然意识到正在走的道路并不适合自己，就要当机立断寻找新的目标，调整前进方向。因为只有确立正确的前进方向，整个世界才会为你让路；明知自己前进的方向有误，却将错就错或一错再错的人，只能面临失败的结局。

在现实社会中，我们的生活好比一眼望不到尽头的道路，行走一段时间后，总会感到疲惫不堪。聪明人会在前方的道路上确立一个标杆，只要顺着标杆的方向前进，就不会让自己漫无目的地闲逛；而愚笨的人总是盯着无边无际的前方而不知所措，逐渐迷失自我，走向平庸。

不"瞎忙"的活法

目标的方向对了，你的努力才值得庆贺，做任何事情才有实际意义。只有一开始就将力道用对，我们的行动才能产生最大的效能。当然，实现目标离不开毅力和坚持，但大多数情况下，人更需要的是能分辨方向的智慧。

做你认为最重要的事,实现自己

有一部电影叫《谁的青春不迷茫》,可见,每个人在一生中都会有迷茫的时候,然而,暂时的迷茫过后,一定要找准人生的方向,只有确定了方向,才能高效率地完成目标。

英国童话大师刘易斯·卡罗尔所写的《爱丽丝梦游仙境》一书中,有下面这样一段对话:

小女孩爱丽丝问小猫咪:"请你告诉我,我应该走哪条路呢?"

猫咪说:"这在很大程度上看你要去什么地方。"

"去哪儿我都无所谓。"爱丽丝说。

"那么你走哪条路都可以。"猫咪回答。

"这……那么,只要能到达某个地方就可以了。"爱丽丝补充道。

"亲爱的爱丽丝,只要你一直走下去,肯定会到达那里的。"

在现实生活中,和小爱丽丝一样没有明确方向的人有很多,这些人总是抱怨:明明每天都在勤勤恳恳地工作,坚持不懈地学习,可是为什么总是没有升职或加薪的机会?其实,就是因为他们缺少方向,总是把握不住工作或学习的重心,自然也没有多大收获。

从前有一位将军,每次士兵犯了死罪,将军都会给他们两个选择:要

第三章
不偏离目标——低头拉车，更要抬头看路

么被枪毙，要么就穿过一个黑洞。面对这两个选择，犯罪的士兵宁愿被枪毙，也不选择尝试着去穿黑洞。

一天，将军心情大好，为了庆祝还喝了点儿酒。一个部下趁机问他："将军，你惩罚犯罪的士兵时总是让他们自己选择是被枪毙还是穿黑洞，你能跟我们说说，穿过黑洞之后会怎么样呢？"

将军笑了笑，小声说道："实际上，这个黑洞只不过是一个通道，穿过去就意味着重新获得自由，可是从来没有一个士兵有勇气去面对无法预知的未来。"

这个故事告诉我们，不敢面对未知、不敢憧憬未来的人，又怎么会有未来？那么，我们该如何在生活中去追寻自己向往的目标呢？也许，每个人生存的理由不止一个，目标可能也不少。一天中，要做的事可能也不止一件，每件事都会为我们的人生之路积累经验，为我们将来的提升奠定基础。

当然，有的人会打破常规，另辟蹊径，尝试一些表面看似和主题并没有多少关系的新鲜事，做第一个吃螃蟹的人，这样就可以将全新的观念和经验带入人生的历程。也有一些人的目标只是追求平稳的工作和生活，遵循客观规律的发展。不同的人会选择不同的生活方式，这些都是值得肯定的，因为经过深思熟虑后的任何理由和目标，与我们的人生价值都密切相关。

每个人都应该明白，目标一定是要自己向往的，不要用别人的目标来衡量自己，因为他人的目标不一定就是自己所追求的。自己的未来始终掌握在自己手里，别人无法控制。

当今社会充满了激烈的竞争，不努力、不进取的人就会被淘汰，而那些敢于积极向上的、愿意对自己的所作所为负责的人，总是有不少的机遇。他们目标明确，意气风发，所以，总有机会实现自己的目标，获得巨大的快乐和幸福。

我们可以在每天早晨醒来时对自己许下一个坚定的诺言：我是自由的，我是快乐的。要对自己的目标充满向往，可以想象自己成功后的样子，之所以这样做，就是为了让目标进入我们的心灵深处，引起我们的重视。当目标深入脑海时，就会产生强大的推动力，催促我们不断为之努力、拼搏。

不"瞎忙"的活法

如果想让自己的工作卓有成效，就应该先为自己设定一个明确的目标，并创建一种经常提醒自己的方式。你可以将已经制订好的目标和计划写在便签上，并把它放在显眼的地方，使你能够很容易看到它；你可以将其录下来，在开车、休息、思考时放给自己听；你可以将实施计划放在你的电脑上，或者把它打印出来，贴在办公室、家里的桌子上、卧室的镜子上，甚至是冰箱上。这样，你就能常常看到你的目标和计划，把你的注意力转移到这些重要的事情上。

没有目标的人，做事的时候就会像无头苍蝇一般到处碰壁，因为行动没有方向，所以也不会得到好的结果；而那些目标明确的人，总是能够有条不紊地按照制订好的计划去实施，如此一来，自然事半功倍。一个高效能的工作者每天进办公室的第一件事就是为自己定一个清晰可行的目标和计划，让自己能集中精力完成自己想完成的事情。

没有明确目标，注定一事无成

一个人成功与否，很大程度上取决于他是否拥有清晰的人生目标。换句话说，你拥有怎样的目标，就可能取得什么样的成就。如果你能够集中精力为着自己的目标奋斗，并且做到有的放矢，那么成功必然会属于你。

此外，我们还应该明白，自己的精力并不是用之不竭的，很多"瞎忙族"竭尽全力也没能掘得真金，原因就是他们将自己宝贵的精力分散在多个目标上。"欲多则心散，心散则志衰，志衰则思不达。"如果你的目标太多，就无法集中精力，更不可能将它们一个个都完成好。

相信很多人都听说过"手表定理"：如果给你一块手表，你便可以准确地判断现在的时间。可是如果同时给你两块手表，而它们所示的时间却不一样，那么你就无法准确地判断哪一只手表上显示的时间才是正确的，这样也就对手表失去了信心。"手表定理"告诉我们：一个人的目标最好是唯一的，因为目标太多只会分散我们的精力，让我们感到晕头转向，无法在关键的时刻做出正确的决策。所以，我们一定不能贪多，只要给自己制订一个清晰而明确的目标，并且为此而努力奋斗就行了。

在一节成人培训课上，有一位同学向老师问了这样一个问题："老师，我希望在接下来的一年内赚到100万，那么，请问老师，我应该怎样达成自己的这一目标呢？"

老师问他："关于这个目标，你有足够的自信能够达到吗？"

他回答说:"我一向对自己有信心!"

老师接着问:"那你现在从事什么行业?"

"我现在是一名保险推销员。"

老师又问:"你相信保险业能帮你达成这个目标吗?"

"我相信自己,一定能通过自己的不懈努力实现目标。"

"现在我为你算一笔账,看看你要完成这一目标需要做多大努力。根据保险业的提成比例,如果你想赚到100万,那么你就要创造300万的业绩。如果你一年为你的保险公司创造300万的业绩,那么你平均每个月就要创造25万的业绩。再细化到每一天,你需要创造8300元。那么,我问你,想每天都赚到8300元人民币,你需要去拜访的客户的数量是多少?"没等学生接话,老师又说,"你每天至少要拜访50名客户。算下来你每个月就要拜访1500名客户,一年下来,你至少需要拜访1.8万名客户。请问现在的你是否有1.8万名客户?"

他摇了摇头。

老师又问:"既然没有,你就要去拜访许多陌生客户。那么,你每次约见一个客户需要多少时间呢?"

他回答道:"大概要20分钟。"

老师接着说:"就按你约见一个客户需要20分钟的时间计算,每天想要和50名客户都进行一番谈话,那么你就需要连续进行16个多小时的谈话,扪心自问,你做得到吗?"

听了老师的话,他恍然大悟,说:"这是不可能的。不过,听了您的一番分析,我已经明白,凭空想象的目标不切实际,真正的目标必须是可以通过努力达成的。"

老师听了他的话,赞许地点点头。

目标不能凭空想象,它应该立足于实际情况,配合计划一点点去完成。

第三章
不偏离目标——低头拉车，更要抬头看路

目标确立后，就要制订实现目标的详细计划，计划越具体，目标就越容易达成。否则，过于远大的目标不仅容易让人产生懈怠疲惫的心理，更会打击自信心，最后失去生活的方向。

不管从事什么工作，我们都希望取得一个良好的结果，这个结果往往就是我们努力希望可以达到的目标。只要拥有清晰的目标，就能采取积极有效的行动，收获丰厚的回报。仔细观察一下身边的成功人士，不难发现，他们做事高效率的秘诀是在做事情之前给自己制订了一个无比清晰的目标，他们知道自己需要做些什么，怎样做才能事半功倍，不会出现瞎忙的状况。

不"瞎忙"的活法

清晰的目标能够为我们指明努力的方向,让我们不至于出现走弯路、瞎忙的情况。就像赛跑选手一样,朝着终点奔跑是他们唯一的目标,只要第一个冲到终点就能赢得第一名。由此可见,清晰的目标往往能够让我们集中精力激发出自己最大的潜能。同时,它对时间管理也有一定的积极作用。当你不断向目标努力奋进时,每一分每一秒都会过得很有意义。

只是,我们在给自己制订清晰的目标时必须注意以下几个问题:

1. 对于追求成功的人来说,制订目标一定要结合自身的实际情况,对自己有一个全面而客观的认识,并且要考虑到周围的环境因素。只有这样才能制订出一个清晰而合理的目标,否则一切都是徒劳。

2. 制订好奋斗目标之后,要马上行动起来,并写下与目标相关的日程表。比如你希望自己能够在一年内成为部门主管,那么你就要写下自己每个月、每一周、每一天要完成的事情。此外,还需要将计划付诸行动,如果只有目标和计划而没有实际行动,那么目标再远大也只是空谈。

3. 在实现目标的过程中,你必须拥有十足的信心,哪怕中途遇到困难和打击,也不要轻言放弃。只要目标是清晰的,就要坚持下去,将计划表里列出的每一项任务都完成好,千万不要因为一些小小的挫折而轻言放弃,半途而废。

专一的人能更快更猛地实现目标

如果有人问你："年轻人最不缺少的是什么？"你该如何回答？其实，年轻人最不缺少的就是远大的理想。然而，很多瞎忙的年轻人又因为理想太多，而不能将精力集中在一件事情上。

他们想要努力工作，想要尽快提升自己的地位，又想自己创业当老板，或者干脆回家写作，好好做自己喜欢的事情……他们想做的事情太多，东南西北一手抓，可是到头来却一无所获。很多"瞎忙族"就是因为没有瞄准自己的目标，才分散了自己的时间和精力，就像胡乱扫射的机关枪一样，浪费了不少子弹，却没有击中目标。

一位男青年在广州打了几年工，做了车间主任。但在与外商的交流中，他发现自己的英语水平极差，人家说什么他根本听不懂。他下决心要学好英语，于是放弃了在广州的工作，来到了北京。

他找了一份厨师的工作，工作地点就在中国的最高学府——清华大学。这是他人生中梦寐以求的地方，这里有着最好的学习环境。然而他的薪水每个月只有可怜的几百元，还不到在广州时的三分之一。但他看中的就是清华的氛围——这是一个能够让他学好英语的地方。

一些广州的朋友知道他去北京后打电话和他联系。他们中的好多人都已经成家立业，有的还开了公司当上了老板。朋友们劝他："你当厨师实在是太屈才了，还不如和我们一起创业，广州这边的机会多的是！"但都被他谢绝了。其实他也想赚钱，但他觉得自己正处于学习时期，不能半途而废。

上了一天班，同事们回到宿舍就凑在一起聊天、打牌、喝酒。这样的环境不适合学习，所以每天下班后，他没有回宿舍，而是去自习室看书。

同事们后来发现他在学英语，佩服他的同时也劝他好好休息，出去玩玩放松一下。慢慢地，他学会了拒绝。有时同事们请他去跳舞，他借故推辞了；朋友请他去参加生日聚会，他也以学英语为由推掉了。甚至有一次同事要结婚，请他出席婚礼，他说："我有任务，改天吧。""结婚哪能改天？你能改天，我不能啊！"同事生气地走了。

他把自己的大部分收入都投入了学习英语中，同时也不放过任何学习英语的机会。渐渐地，他掌握了许多菜名的英语表达方式。在清华大学的食堂里，第一次出现了用英语卖饭的厨师。这令很多清华学子感到既惊讶又敬佩。很多人慕名而来，为的就是见识一下这位厨师流利的英语。

后来他又自学了许多课程，通过了大学英语四、六级考试，托福成绩达到了630分的高分。他的英语水平令很多英语专业的学生都自愧不如。这个人，就是有"英语神厨"之称的张立勇。如今他已经是清华大学的一名行政助理了。

可能在很多人眼里，张立勇的学习精神固然可贵，但他的一些做法似乎太不近人情，在他的身上只有学习，而没有享受，甚至连人生基本的一些乐趣也没有。但就是因为他能拒绝外来的各种诱惑，全身心地投入学习之中，才有了今天的成功。

毫无疑问，必须付出更多的努力才能让自己站在时代的前沿，不会在竞争中被淘汰。因此，你需要将自己的全部精力都投入到自己的目标中去，而不是分散到其他事情上。想要快速地完成自己制订的目标，需要的不是大片撒网，而应该像激光一样瞄准自己的目标，放弃分散精力的事情，这样你才能摆脱痛苦，并且更加快速高效。

不妨问一问自己，有多少时间和精力都分散到一些无关紧要的小事上去了？有的东西你必须放弃，才能轻装前行；你只有扔掉负荷，才不会被对手打倒。所以，追求成功的年轻人，从现在开始清理掉让你分心的东西吧！只有集中精力，才能将目标一一实现。

不"瞎忙"的活法

生活本来就是烦琐而杂乱的，很多琐碎的小事情都会分散我们的精力。现在，就来总结一下那些分散我们精力的事情。你需要做的，就是对照自己的生活，找出它们，放弃它们。

1. 即时通讯软件响不停

现在的即时通讯软件种类繁多，微信、QQ、微博总是在你的身边响不停，如果你不想被它们分散精力，最好将它们设置成离线或者忙碌状态，或者在工作需要的时候才去登录。如果朋友有事情要找你，他们会选择其他的方式和你取得联系。

2. 没完没了的私人电话

大部分年轻人都能分清工作时间和私人时间，但也有一部分人公私不分，在工作中没完没了地接打私人电话。在工作中做私人的事情，肯定会分散你的注意力，降低工作效率。如果不想让自己的私人时间也被工作的事情侵占，那么最好能够限制在工作中做私人事情的时间。

3. 杂乱不堪的办公桌面

不知道你的办公桌面是整洁规整的，还是杂乱不堪的？如果在工作中你能够很轻易地找到自己需要的东西，那会省时省力，可是当你不能迅速找到自己需要找的东西时，就应该考虑清理一下你的桌面了。仔细计算一下就会发现，在混乱的桌面找东西会花费我们大量的时间，也会分散我们大把的精力。

4. 可以关掉的电脑网页

很多白领整天都要面对电脑工作,有时候需要打开多个重要的程序或网页进行办公。不过在多数情况下,很多程序或网页并不需要一直使用,开在那里也仅仅是闲着。这时候,关掉那些没有用的程序和网页,能够集中你的注意力,快速提高你的工作效率。

5. 不可避免的同事打扰

同事是我们每天都必须面对的人,如果你已经厌倦了同事的各种打扰,不妨给自己制订一个"免打扰"计划,比如在处理紧张事务的时候,禁止和同事寒暄,对于同事的请求,只要不是你的分内之事,完全可以选择先拒绝。这样,同事的打扰也不会分散你的精力了。

目标"切碎",才能嚼得出"味"

不要妄想天上掉馅饼的美事,人不可能一口吃成个胖子,也不可能不做一点儿努力就青云直上。这是因为没有人能够随随便便成功,大多数的成功人士都需要经历一定的挫折与磨难,正如万里长城的铸就,凝聚了我国古人的集体努力与智慧。所以,想品尝成功的滋味,就要将自己的目标"切碎",才能嚼得出其中最难忘的"味道"。

美国有一个名叫杰克的青年,有一天,25岁的他突然被炒鱿鱼了。接下来很长的一段时间,他都是饥一顿饱一顿地生活,因为害怕房东催他交房租,所以他常常在马路上闲逛到很晚才敢回去。

有一天,正在街上晃悠的他偶然间看到了著名歌唱家夏里宾先生。因为杰克之前工作的时候曾经与夏里宾说过话,所以一眼就认出了他。但让杰克意想不到的是,夏里宾先生竟然叫出了他的名字。

夏里宾先生问他:"杰克,你现在忙吗?"

杰克神情沮丧地低下头没有说话。

夏里宾先生又说:"我如今在第103号街的一个旅馆暂时居住,你跟我一起走走好吗?"

杰克吃惊地说:"夏里宾先生,这里距离您的住处相隔60个路口呢,我们真的要走过去吗?"

夏里宾先生笑着说:"不是你想的那样,距离目的地不过才5个路口罢了。"

杰克疑惑地看着他。

夏里宾先生又说:"我没有说错,因为我要去的是位于第6号街的射击游艺场。"

杰克虽然不明白他为何这么说,但是,想到自己也没什么事情可做,于是跟着他走了。

杰克跟着夏里宾先生到了射击场。这时夏里宾先生又对杰克说道:"再转过11个街口就到了。"

一段时间后,他们来到了卡纳奇剧院。

夏里宾先生又说:"现在,再转过5个街口就能到达动物园了。"

就这样走了好长时间,他们二人走到了夏里宾先生的旅馆前。让杰克感到奇怪的是,自己并没有感到多么疲累。

夏里宾先生面对他困惑的表情,解释道:"今天我和你一起走路的方式,你一定要记在心里,这对于生活来说尤其重要。不管你的目标有多么遥不可及,都无须忧虑,只要将自己的目标分割成一个个小的目标去完成,这样目标就会变得很容易。"

目标不明确的人,很难做成大事。可是,如果目标太大,就要学会将大的目标分割成一个个小目标,让自己不断尝到实现小目标的喜悦,这样就不会因为大目标总是不能实现而感到厌倦,进而放弃目标。

在1984年的东京国际马拉松邀请赛上,一位名叫山田本一的日本选手出乎所有人意料摘得金牌。后来,当有人问他为什么能取得如此傲人的成绩时,山田本一淡然地说:"我只是靠自己的智慧战胜对手。"

众人皆知,能够参加马拉松比赛的人通常都是体力和耐力俱佳的选手,一般人看来,只要身体素质够好,有一定的耐力,就有夺冠的可能。因此,当人们得知山田本一的说法时,都不敢苟同。

很快,两年的时间过去了,在意大利第二大都市米兰举办的国际马拉松的比赛中,山田本一再次出乎意料地摘得金牌。当记者采访他为何成功时,他还是说:"我能赢,完全依靠自己的智慧。"

事实上,山田本一所说的"智慧"不过是把马拉松比赛的跑道切割成一个个小目标,之后一点点去完成。为了完成这些小目标,他还会积极地为自己制订一些详细的计划。比如,每次比赛前,山田本一都会亲自试跑,即按照比赛的路线将沿途较为醒目的银行、大树或房屋等标志物一一记录下来,直到赛程的终点位置为止。

所以说,梦想需要具体化的目标去实现,只有完成一个个小目标,才能让自己永葆激情,去完成自己的梦想。

不"瞎忙"的活法

目标分解有如下几种方式：

1. 剥洋葱法

将自己想要实现的大目标如同剥洋葱一般，划分为一个个小目标，之后再把这一个个小目标分割成很多更小的目标，直到每一步都有详细的计划。

2. 多权树法

大目标相当于大树的树干，小目标相当于一根根大树枝，若干个能够立即去完成的更小的目标就相当于大树上的一片片叶子。

目前，一些专家定义"目标多权树分解法"的原则是："小目标是大目标的条件，大目标是小目标的结果，小目标的实现之和一定是大目标的实现。"

"目标多权树分解法"的画法具体如下：

（1）在纸上写下最大的目标。

（2）仔细思考，列出实现这个大目标所有的必要条件及充分条件作为小目标，做第一层树权。

（3）将实现第一层树权的小目标的必要条件及充分条件作为第二层树权。

（4）按照上述方法以次类推，直到将目标分解成可直接实行的目标，才算完成该目标多权树的分解。

（5）检查目标多权树是否有不合理的地方、分解是否充分、小目标是否分解得足够仔细、确定的大目标是否可以完成。如是则表示分解已完成；如不是则表明所列的条件还不够充分，继续补充被忽略的部分。

列出清单，我的未来我做主

在生活中，有了目标，我们才能找到前进的方向；有了目标，我们才会更有激情。可是，问问自己，是否明确地列出目标，并且一一去实现了呢？

这是一个快节奏的社会，无论职场中还是生活中，我们都在追求效率与速度。现代人都有这种经历：早上起床对着镜子总是信心满满——今天一定要拼命干活，追求效率。但是朝九晚五下来，拖着疲惫不堪的身体回到家里，却发现自己今天什么都没干，报表没填、会议记录没有总结、客户的电子邮件也没有回复……不知道你是否也身在此行列中——雄心勃勃出发，灰心丧气回家？

深究这种现象，不难发现，这是快餐时代的产物。现代社会要求我们迅速出击，以致很多人都会忙中出乱，出现了效率低下、毫无成就的情况。只有精通安排和管理时间的人才能够脱颖而出，因为他们把对时间的浪费永远维持在最低水平。

杰克·韦尔奇是通用电气前总裁，通用电气在他的领导下一步步迈向成功。很多人都对韦尔奇的成功感到好奇，究竟是智慧还是机遇缔造了韦尔奇的成功呢？都不是，是因为，韦尔奇非常善于管理自己的时间。他的成功正是源于对时间合理、有效的管理。

韦尔奇有一个习惯，每天上班的第一件事是检查自己的工作列表，并且根据列表上工作内容的重要程度来安排时间。公司的会议相对重要，于是韦尔奇拿出35%的时间来进行会议的部署；拜访客户是拓宽公司业务的重要方向，韦尔奇将自己20%的时间用来跟客户沟通；公司的其他事件不太重要，韦尔奇把剩下的时间全部安排在这些琐碎的事务上。每天的列表不尽相同，但韦尔奇都会按照事件的轻重缓急来计划完成的顺序和时间。

他的这种行为不只为自己赢得了时间，而且成为员工效仿的工作方法，在创造工作效率的同时，更创造了公司的效益。

制订目标清单是在帮助我们进行目标管理，这一项看似简单的工作可以帮助我们拉近与理想的距离。要知道，没有目标的行动都将徒劳无功。

不只是在落实工作中，目标清单更是我们奋发前进的指南，我们必须规避"假、大、空"，制订切合实际、容易实现的，并且是短期的目标，最好是半年之内即可完成的目标。

时间管理专家提醒我们：我们的目标有机动性，很可能会随着时间的推移而产生变化，因此过于长远的目标很可能会葬送在时间流逝的大河中。你也许未必会意识到目标夭折的后果，但长此以往，总是不能完成目标，我们的自信和效率都会受挫。

现在打开你的目标清单，查看一下是否有的目标过于缥缈，实现的可能性非常小；有的又过于琐碎，轻而易举地便可完成，因此不会为自己带来任何成就感。这两种目标，我们都要从目标清单上划掉。要时刻保证：每完成一个目标都要与终极目标更接近。

不"瞎忙"的活法

每个人的目标清单都不一样,但无论做什么,在制订目标清单的时候,切忌"假、大、空",要符合实际,具体落实。举个例子,提起目标,很多人都会说一些特别空泛的话,比如要让存折上的数字达到七位数,在一线城市买一栋别墅,环游世界,诸如此类。除非你买彩票中大奖,否则,以普通人的实力而言,短期内达成这些目标是非常困难的。这些目标对我们没有激励的作用,又怎么完成呢?一旦目标难以实现,就会使我们产生消极的情绪,继而为我们前进的道路设限。所以,列出的目标一定要有实现的可能。

第四章

忙到点子上,展露自己的光芒

事情有轻重缓急,如果你不明白这个道理,生活就会进入"瞎忙"的误区,疲于应付,难以享受生活。如果能分清主次,懂得抓住事情的重点,先做重要的事情,就会轻松很多。

什么都做一点儿，什么都干不成

你有没有过这样的经历：一个大好的上午，本来想读一本书，但突然想起还有衣服没有洗，于是将脏衣服泡上了；刚泡好，又想起很久没做养生汤了，于是急忙跑到厨房里准备材料；在准备食材的过程中，猛然想到还有一点儿工作没完成，于是撂下食材先去处理工作了；刚打开电脑，突然想到自己的微博很久没更新了，应该去冒个泡；冒完泡，又看到几篇不错的博文，不由自主地看了起来……很快，一个上午过去了，你发现书没读、衣服没洗、养生汤没做、工作没完成，只不过更新了一下微博、读了几篇博文。

这种什么都做一点儿，但最终什么都没做成的状态，其实在我们生活中并不少见。这种状态一方面与人的注意力集中的有限时间（据研究，一般为20分钟左右）有关，另一方面则因为我们缺乏良好的自制能力和计划性，因而陷入了这样一种忙来忙去却没忙出什么真实效果的"怪圈"。

那么，如何摆脱这种"瞎忙"的状态，让自己的"忙"变得更有价值呢？答案就是：确保自己所做的每一件事都是为了自己的目标而努力。

有这样一个年轻人，他出生在澳洲，由于双亲过世较早，很小的时候就不得不为了生计而奔波。他一路打工挣钱，到处遭受白眼和鄙视，但始终没有为此感到绝望，因为他心中有一个坚定的梦想：成为一位优秀的医师。

当然，他没钱上医学院，但成为医师的梦想无时无刻不在激励着他。

一次，他所住的社区医院需要一名勤杂工，他看到招聘启事的第一时间就冲过去报了名。他对工资没有任何要求，做事的时候也不怕脏、不怕累。他每天都要把挂在墙上的医师执照取下来细心地擦拭干净，心里想象着那张执照的主人将来也可能是自己。

同为勤杂工的同事看到他这样，嘲笑他为了那一点儿可怜的工资把自己弄得这么忙。他丝毫不理睬这样的言论，而是继续在自己的岗位上忙碌着。

他这样"走火入魔"般地工作了一段时间后，终于被医院的医师注意到。医师被他的勤劳所打动，就请他做自己的助手，并鼓励他接受正规的专业训练。在这个过程中，医生又发现这个年轻人的资质非常优秀，于是帮他缴了学费，让他去念医学院。后来，这个年轻人成了一名非常优秀的医生，圆了他成为医师的梦想。

当你排除万难，朝着自己的目标不懈努力的时候，会将大部分的时间和精力都花费在为了目标的奋斗上。相对于你将精力分散在很多事情上的状态，每一份精力所迸发出的效率将会大大提高，最后的结果也多有惊喜。而当你品尝到这份高效的喜悦时，你会越来越沉醉于这种投入做事的状态，原来喜欢左顾右盼、蜻蜓点水的那个自己便会慢慢消失。如此就会成为一种可喜的良性循环，会让你做事越来越专注，最后变成"一件事做到底，每件事都能做成"的人。

不"瞎忙"的活法

要想摆脱什么都做一点儿，但最终什么都没做成的状态，必须做好以下两点：

第一，明确自己在某一段时间内想要完成的事。锁定目标已经是老生常谈的话题，从"草根"到"领军人才"的蜕变在现实中并不少见，他们成功的关键就是找到了自己的方向、锁定了自己的目标，在目标的引导下一步步走下去。相反，一个人如果没有明确的目标，不管他多么雄心壮志，多么努力地工作，都会像汪洋中一艘没有航向的船，注定一生漂泊。

第二，当你的注意力再次不集中、企图走神的时候，要立刻告诉自己，这不是目标所需的，是在浪费时间，然后及时将自己拉回到原本的位置上，继续为完成目标而努力。

第四章
忙到点子上，展露自己的光芒

每件事都很重要绝对是个错觉

人生就一次旅行，没有回程，这就意味着无论如何我们都不可能回到过去，最多只能在记忆中去怀念。所以我们需要做的、重要的事就是把握现在，抓住手头上的事。

然而，每一天，我们手头上总是有很多的事情要做，大的、小的、痛苦的、烦恼的、愉快的……很多人往往只是做摆在他面前的事情，根本不考虑事情的轻重缓急，结果浪费许多精力，空耗许多时间，弄得身心疲惫不说，一天下来也没有多少收获。那么，这么多事情，哪一件先做，哪一件可以后做呢？答案是：重要的事先做！

凡事要分轻重缓急，最重要的事最先做，这样才能在有效的时间内发挥最大的效益，也会让你更轻松地应对生活和工作。打个比方，如果你是学生，现在正进行一次非常重要的数学考试。按照你的速度，这张考卷上的题你不一定都能做完。考卷上的题是这样的，前面都是选择题，每道题5分，难度系数是60%。后面一部分是解答题，每道题10分，难度系数是80%。现在，你想拿到尽量多的分数，该怎么做呢？是按卷子排列的顺序从头做到尾？还是按照分值，重新给题目排序，先做分数高的解答题呢？我想，你无疑会选择后者。因为每做好一道解答题，你的考分就能高上10分，虽然它的难度系数要稍高那么一点儿。

我们的人生就像是一张考卷。虽然每件事情做了都会得到"分数"，但有一些事是"分数"比较高的，有一些事的"分数"则比较低。为了让一天的成绩达到"最高分",我们必须要排列它们的"分值高低",然后有选择性地来完成它们。如果每一天、每一个月、每一年我们都能这样做,我们的人生将会获得"最高分"。

一个再怎么能干的人,也不可能在同一时间里完成两件以上的事情。所以说,我们必须把事情分出轻重缓急,先做好手头重要的事,再去做其他的事。

第一步:我们要先了解自己一天的时间是怎么用掉的。这一步其实是时间管理的准备工作,是前提条件。如果不了解自己的时间是怎么花掉的,你又怎么来对时间和事件进行安排呢?

第二步:列出自己手头需要做的所有事情,然后排列它们的优先级。时间安排不合理,就会在不该花很多时间的事情上花过多的时间。这样一来,明明你必须把手头重要的事情做好,但是由于时间安排不合理,结果常常敷衍了事。而安排好它们的优先级之后,我们就能每时每刻集中精力处理要做的事,因为我们早已对这些事情胸有成竹。事情的优先级怎么安排呢?我们可以先问自己这样几个问题:

1. 这件事如果不做,会有什么样的后果?如果做不好,会有什么样的后果?

这个问题的答案我们要从目标、需要、回报和满足感这四个方面进行评估。

2. 这件事是不是必须由我亲自来做?可否交给别人?那样做会产生什么差别?

问这个问题的目的是学会分清那些不必要做的事,它们可以交给别人来做。

不过,很多时候我们经常会将"紧急的事"误认为是"重要的事"。紧急意味着这件事需要我们立即给予注意,一般都是明显易见的,会给我们造成压力,逼迫我们马上采取行动。这样的事情不见得都是坏事,有时候是很容易完成的。但是，如果总是被"紧急"的事情迷惑了头脑，生活就会充满危机，因为重要的事才能让我们更快地向着自己的目标和成就迈进。

第三步：为事件表上所有的事情都先估计一定的时间。这一步很重要。事件表上的所有事情都是你今天必须完成的，所以一定要合理地安排好时间。在估计时间的时候，要全面考虑到事情的性质、难度和结果、截止日期等，综合评定出一个恰当的期限。这个期限切不可过于绝对，要留出一些缓冲时间；也不可过于笼统，比如说上午、下午，那样的话，时间管理就等于没做。

此外，我们还要考虑，如果时间真的来不及，比如出现了突发事件，有哪些事情可以留到明天做而且不会有太大的影响。

有些事情未必在事件表上就有所体现，比如说给朋友打个电话、陪家人一起吃饭或逛街等。像这类人际交往方面的事，我们或许不会写在纸上。但是，良好的人际关系是成功的重要元素之一，所以我们必须要留出一定的时间作为自由时间，用来与亲朋好友联络感情。

不"瞎忙"的活法

我们每天都需要花时间做许多事情，如果想将每件事都做得尽善尽美，就可能因小失大，从而忽视了自己本该重视的事情。因此，清早起来，我们就要思考自己在一天中最重要的事情是什么。做事不能胡子眉毛一把抓，要分清楚轻重缓急，大胆地把那些芝麻绿豆的小事舍去，如此一来，才能提高工作效率与生活质量。

无法选择要做的事,但可以选择做事的方法

生活中我们常常有这样的苦恼:每天辛苦地忙碌,最后却发现,很多做过的事情并没有太大的价值,反而浪费了时间和精力,而那些真正需要去做的事情自己却没做好多少。陷入这种尴尬局面的人,不能说他不够努力,只能说他不懂得化繁为简的道理。

一个国际知名的洗浴用品制造厂商引进了一条香皂包装生产线,结果发现这条生产线有个缺陷:常常会有盒子里没装入香皂。这可是个严重的问题,假如空盒子流入市场,会给厂家带来多大的名誉损失啊。公司上层很焦急,开会讨论之后决定请一个学自动化的博士后设计一个方案解决这个燃眉之急。

博士后仔细检查了生产线,组织了一个十几人的科研攻关小组,综合采用了机械、微电子、自动化、X射线探测等技术,花了几十万,终于解决了问题。两旁的探测器会一直"盯"着生产线,一旦有空香皂盒通过,就会立刻检测到并自动将空皂盒推走。

与此同时,中国南方有个乡镇企业也买了同样的生产线,当然也遇到了同样的空盒问题。老板发现这个问题后大为光火,他找了个小工来,说:"你给我把这个问题解决了。"小工仔细研究了一番,想出了一个办法——在生产线旁边放了台风扇,空皂盒都被风吹走了……

这个故事被很多人当成一个笑话看，但其中蕴含的深意我们不可不领会。有时候那些看似繁复而严谨的方法实际上是浪费精力的做法，而上不了台面的小技巧反而能带来更大的效益。但是为什么自动化博士后不能想到简单的办法而小工能想到呢？这当然不是智商的问题，而是博士后囿于自己的身份所限，只会从自己所学专业的角度来思考问题。

中国民间也有类似的俗语，说人学问越多越迂腐，简单地说指的就是自以为有学问的人不会以灵活、简单的方式思考问题。这当然不是学问惹的祸，而是有学问的人丢弃了灵活思考问题的能力，把自己局限在一套固定的思维模式里。一个僵化的大脑自然只能想出僵化的方法。

简单的思维是一种智慧，是一种精明，它反映出灵活和敏捷。将简单的思维贯穿于问题的处理之中，常常能收到许多意想不到的效果，一旦领悟，便会由衷地叹服其绝妙。

举个简单的例子，假如手机突然黑屏了，我们总会先看看是不是手机没电了，而不是把手机拆开检查看哪里出错了。所以说，遇到问题时，先尝试用简单思维从方法论角度出发，从根本上解决问题。

美国太空总署为了解决太空人不能在外太空书写的问题，向全球征询能解决这个问题的超现代化书写工具。他们还提出了几个要求：一是能在真空环境中使用；二是必要时能让笔嘴向上书写；三是最好永远不要补充墨水或油墨。他们甚至提出了堪称天价的购买价格。

消息传出后，他们收到了来自世界各地的"奇思妙想"。其中有一条建议，让太空总署的官员看了后汗颜不已，那是一封从德国打来的电报，上面只有简简单单的几个字：试过铅笔没有？

"试过铅笔没有"，这是一种智慧，更是一种对复杂思维的讽刺——接受的知识越多越容易将问题向复杂的方向考虑，也就越难找到简单的解决方法。简洁即效率,是我们在工作中需要遵循的原则,否则复杂的思维、老套的方法总会将你的头脑迷惑,以至于找不到解决办法。

有个叫约翰的人想开一家帽子店,他绞尽脑汁设计了一个牌子,上面写着:"约翰帽店,制作和出售各种礼帽"。他认为自己概括得很全面,这个牌子肯定能给自己招揽不少顾客。但实际上,他开店之后生意一直很冷清。

一次,他的朋友到店里来看他,看到他的牌子,对他说:"'帽店'其实跟'出售各种礼帽'的意思是一样的,可以删去。"约翰听了,觉得朋友说得有道理,于是就照朋友的意思把"帽店"删去了。接着,朋友盯着牌子又看了一会儿,说:"'制作'和'出售'这两个词,我觉得放在这里不合适,可以都删去。"约翰越听越觉得有道理。不一会儿,朋友又说:"其实我认为,除了'约翰'两个字,其他的都可以不要。只要在'约翰'两个字的旁边画上一顶漂亮的礼帽就可以了。"约翰听了眼前一亮,这是多么好的主意啊,于是他立刻照做。

这个简约而又出彩的牌子在刚挂出去的那一刻就吸引了很多人的目光,约翰店里的生意从此越来越好了。

复杂的事情简单地做,是专家;简单的事情重复地做,是行家;重复的事情用心做,才是赢家!

不"瞎忙"的活法

做事的时候记住下面这两条原则,可以让自己与瞎忙的状态说再见。

第一,"多"不等于好。很多人错误地认为,把事情弄得复杂一些,就意味着"高级""详尽",实际上大多数事情并非如此。繁复不如简单,冗杂不如简约。

第二,用简单代替复杂,你会发现省下的不止是时间。

用简单的方法代替复杂的做法,不仅能帮你节约时间,更能为你省掉不少脑力成本和经济成本。能用最简单的方法达到目的的人,他们处理事情的能力一定是非凡的。

实现众多小目标，追赶一个大梦想

成功者不会只将目光放在远处，而对于眼前的任务不屑一顾。正所谓"千里之行，始于足下"，就算是万丈高楼，也是平地而起的。一个人成功与否，跟他的目标设定和实施有着十分重要的关系。任何一个长远的目标都必须经过重重的关卡，耗费大量的时间才能达成。长远的目标不可能一蹴而就，需要着眼于手头上的工作，尽快完成短期内的任务。这不但是你实现最终目标所必须经历的过程，也能帮助你收获足够的热情——长远的目标难以企及，在漫长的奋斗与煎熬中，你难免会心灰意冷。当未来逐渐迷茫，当工作上遭遇阻碍，当你的内心感到无力时，不妨先"放弃"自己的远大目标，从手头上的小事做起，这样你就会发现要达成远大目标并没有想象中那样困难，甚至完成一些短期任务时，你能体会到一种成就感。

我们都知道台湾企业家王永庆，他创立的台湾塑胶集团在世界化工业中占据着重要的位置，算得上是商业界的成功典范。不过，很少有人知道，王永庆在最初创业的时候是从卖米的小本生意做起的。

王永庆出生在一个贫寒的家庭，为了减轻父母的负担，小学毕业后他就没再继续读书，经过熟人介绍到嘉义一家米店当学徒。在米店学了一年后，他的父亲看见他"独立能力"的闪光点，为了开发他的潜力，就帮他开了一家米店。

第四章
忙到点子上，展露自己的光芒

有了一家属于自己的米店，王永庆非常兴奋。米店面积虽然很小，但他每天都起早贪黑努力地经营着。为了经营好自己的客户，王永庆用心地盘算每个客户的日常消耗量，比如一家如果是八口人，每月需大米10公斤；四口之家则每月需要5公斤。他每天都在估算着，如果有一家吃完米了，他就按照自己制订的标准，主动将米送到顾客家里。他的这种贴心服务，保证了客户家里永远不会缺米。很多客户自从买过王永庆的大米后，就很少再去别家买米了。

王永庆用这种方法稳固了客户关系，但客户依旧不是很多，而且他的米店旁边有一家日本米店，每天顾客络绎不绝。为了和隔壁的日本米店竞争，王永庆又开始动脑筋了。他决定从每一粒大米入手，从根本上提高自己大米的质量。由于那时的大米加工技术十分落后，大米中经常混杂着许多小石子，食用前必须淘洗好几次，十分不方便。于是，王永庆和弟弟一起动手，将大米里的杂物拣得干干净净，这样他们的大米便成了当地最受欢迎的大米，很多顾客都夸他们的大米干净，质量也好，就这样一传十、十传百，米店的生意也一天天红火起来了。

王永庆的第一个短期任务完成了，他又给自己制订了第二个短期任务，那就是让自己的米店成为嘉义生意最好的一家。为此，王永庆又想出了一个很好的制胜方法。他观察到许多顾客来米店买米后都要自己运回家，对于那些老年人或者行动不便的人来说会显得很麻烦，于是他和弟弟主动送米上门，而且还帮助顾客将大米装进米缸里。这一小小的举动令顾客大为感动。

王永庆的热情服务备受顾客的好评，许多顾客都对他的米店赞不绝口。渐渐地，米店的知名度打开了，生意也越来越好了。经过几年的打拼，米店的资金雄厚了，顾客也稳定了下来。王永庆便在一处繁华的街道上开办了自己的碾米厂，这可比之前的米店大了好几倍。

接下来，王永庆又给自己制订了第三个短期任务……就这样，他从小小的米店生意做起，并且越做越大，直到后来创立了台湾塑胶集团，成了台湾的首富。

　　王永庆的故事告诉我们，不要总想着自己的远大梦想，总想做一些轰轰烈烈的大事情。要想实现远大的梦想，应从短期内可以完成的任务着手，一步步走向成功。当你完成了短期任务后，就会发现自己离远大的目标越来越近了。

　　新东方学校的创始人俞敏洪曾经说过："看一个人会不会做事，主要从三个方面来观察：第一，他是否愿意从小事做起，是否知道做小事是成大事的必经之路；第二，他的心里是否有最终的目标，是否知道把所做的小事积累起来最终的结果是什么；第三，他是否有一种精神，能够为了将来的目标自始至终把小事做好。"

第四章
忙到点子上，展露自己的光芒

不"瞎忙"的活法

暂时"放弃"长远目标，从短期内可以完成的任务着手，其中还蕴含着一些哲理。

1. 短期内的任务没有完成，就无法完成长远的目标。如果连手头上的任务都没有完成，又如何能够完成后续的任务呢？只有当你着手于眼前的事情时，才能更加清楚地了解接下来你需要做些什么。之后你可能会遇到各种各样的问题，然后思考应该用什么样的方法去解决。就像一场长途旅行，你的长远目标就是最终的目的地，如果你始终不向前跨出一步，又如何能够到达终点呢？只有真正上路之后，才知道沿途的风景是怎样的，才有信心走到最终的目的地。

2. 放弃短期的任务，就等于放弃了成功的机会。放着短期内可以完成的任务不做，整天只想自己的长远目标，最后只会大事做不成，小事也没做好，从而失去了许多成功的机会。许多人都喜欢抱怨，说自己的人生际遇不好，没有别人那样的机会，可事实上很多机会都是从自己的手中丢掉的。

3. 完成短期任务，可以提高你的自信心。如果每个人都能够从短期任务做起，慢慢地就会形成一种认真做事、立刻行动的好习惯，这样也不会整日瞎忙了。而且，短期任务通常很容易成功，这样就能够不断增强自己的自信心。可以想象一下，长远的目标不可能一下就做好，甚至有可能遭遇到种种的失败，如果一直没有成功，你又如何去树立自信心呢？所以，给自己找一些短期内可以完成的任务，认真而努力地去完成它，你便跨出了成功的第一步。

把忙碌变成主动选择，而不是被动接受

无数成功者的经历告诉我们，如果一个人只知道埋头瞎忙，就算他再努力，也不一定能够取得预想中的成功。因为做任何事情都要讲究方法，假如你想获得更高的工作效率，又想多一些时间来享受生活，那么就要学会聪明地工作，而不是一味努力地工作。

"成功就是99%的努力，加上1%的天赋"，这句话似乎越来越不适用于现在的职场了，很多人相信努力就能获取成功，总是埋头苦干，浪费了自己的时间和精力，最后却两手空空，什么也没有得到。

其实成功本身就是一个复杂的概念，对于不同的人，在不同的条件和时期，其标准也各不相同。不过有一点是可以肯定的，那就是在努力和天赋的基础上，你必须懂得做事的方法。没有正确的做事方法，就算你付出再大的努力，也有可能徒劳无功。

聪明地工作就是要学会动脑筋，学会讲方法。如果你只是一味地忙碌，却没有时间来思考最正确的做事方法，那么到头来可能就会因为过于忙碌，而什么钱都没有赚到。所以，你要时刻提醒自己："那些整天忙于工作的人，根本没有时间，也不懂得如何去赚钱。"

有一位农夫在清理仓库的时候，把自己心爱的怀表弄丢了。那块怀表并不值钱，可是对他却有着十分特殊的意义——那是他老婆去世前给他买的。

农夫十分焦急，把仓库找了个遍也没有发现怀表的影子。这时，他看

到仓库外有一群小孩子正在嬉闹玩耍，于是对他们说："孩子们，你们先别闹了，我有一项任务要交给你们，现在你们去仓库帮我找怀表，谁找到我就给他十块钱。"

孩子们听了他的话，兴高采烈地跑进仓库里寻找。可是过了一会儿，一个个都垂头丧气地出来了，告诉农夫他们没有找到。农夫十分失望，以为自己的怀表再也找不到了。

这时，一个小男孩站出来，大声对农夫说："您能再给我一次机会吗？"

农夫觉得大家把仓库翻了个底朝天也没有找到，这个小男孩仅凭自己一人又怎么可能找到呢？不过，望着小男孩渴望与灵动的双眼，农夫还是决定让他试一试。结果没过一会儿，小男孩就从仓库里走了出来，笑嘻嘻地将怀表交到了农夫手中。

农夫惊讶得瞪大了眼睛，问小男孩："你是怎么找到的？"

小男孩回答说："我什么也没有做，只是在走进仓库之后就安静地坐在那里，很快我就听到怀表的嘀嗒声，然后顺着声音找到了它……"

故事中的小男孩动脑筋之后想到了正确而简单的方法，所以他很快找到了农夫的怀表。现实工作中，我们常常看到很多人整日瞎忙，将自己弄得晕头转向，最后的结果却不尽如人意。这是为什么？就是因为他们在工作的时候不讲究方法。一个人想要获得成功，努力和天赋的确很重要，可是努力中的方法也同样不可小觑。如果只知道埋头努力工作而不讲究方法，再努力也不一定能够取得成功。

1946年，有一对犹太父子来到美国，在休斯敦做铜器生意。

父亲问儿子："一磅铜的价格是多少？"

儿子说："35美分。"

"对，整个得克萨斯州每磅铜都是35美分的价格，但你是犹太人的儿子，你应该说是3.5美元。你试着把铜做成门的把手，看看结果会怎样？"

20年后，父亲去世了，儿子一个人经营铜器店。他用铜做过各种东西，比如铜鼓、瑞士钟表上的簧片，甚至把铜做成奥运会的奖牌。就这样，他逐渐把一磅铜卖到了3500美元，不过，这个时候他已经是麦克尔公司的董事长了。

1974年，美国政府清理自由女神像，翻新扔下来的废料成了令人头疼的问题。于是政府向全社会广泛招标，希望有人把这堆讨厌的垃圾处理掉。可是几个月过去了，没有一个人来应标。当时的他正在法国旅行，听到这件事后，立刻赶回了纽约，并立即和当局签了字。

许多人都在等着看他的笑话，因为纽约州对垃圾的处理有十分严格的规定，处理不好就会遭到起诉，惹上官司。没想到他把废铜熔化铸成小的自由女神像，把废铅、废铝做成小钥匙，把其他废料变成小玩意儿作为纪念品销售，甚至把从自由女神像上翻新下来的灰尘也包起来卖给花店做肥料。短短两个月的时间里，他让这堆废料变成了350万美元的现金，每磅铜的价格整整翻了一千倍。

遇到的每一个问题，无论大小，都有与之对应的最适合的方法。如何找到这个最适合的方法，对于每一个职场人士来说都是需要认真对待并仔细思考的问题。只有正确的方法才能高效、快速地解决工作中的问题，让你从众多的同事中脱颖而出，得到老板的青睐，获得升职、加薪的机会。

成功和辛苦地工作并没有必然的关系，一个人想要通过辛苦地工作来赚大钱或者得到自己想要的东西，最终只会让自己失望。相反，那些站在社会顶端的成功人士，却懂得用最短的工作时间，用最恰当的工作方法，来获取更丰厚的回报。无论这种回报是精神方面的还是物质方面的，都足以让他们和成功携手并进。

不"瞎忙"的活法

聪明地工作比努力地工作更重要,更容易提高自己的工作效率。因为努力地工作与轻松地创造高效率的工作方法是不同的。现在你可以确定,自己要成为一个努力地工作的人,还是聪明地工作的人?如果你希望自己的努力和付出不是竹篮打水一场空,而是能够获得相应的经济效益和个人满足感,就要学会聪明地工作。不管你从事什么样的工作,手里有什么样的任务,做事之前要学会思考,学会寻找最佳的工作方法。

当你真正了解了做事方法的重要性时,你就找到了打开成功大门的钥匙。

用对的方法做事，跳出忙碌的泥潭

现代管理学之父彼得·德鲁克曾经说过："那些最没有效率的人，往往将自己的最高效率浪费在没用的事情上。"很多年轻人为什么做事勤勉、任劳任怨，最后却没有得到相应的回报呢？其中很重要的原因就是分不清事情的轻重缓急，做事也毫无头绪。

在某著名大学的毕业课堂上，教授打算给学生们上一堂生动的时间管理课。他把一个大铁桶放在讲台上，旁边放了一堆小石块。

教授站在讲台上，对学生们说："今天是你们毕业前的最后一堂课，我想和你们来完成一个小小的实验。"说完，教授叫来两位学生，让他们把石块放进铁桶里。当铁桶装满之后，教授问大家："现在这个铁桶里已经装满了东西，还能再装下其他东西吗？"

学生们想了想，异口同声地回答："不能！"

"真的吗？"教授露出微笑，然后从讲台下面拿出几袋细沙，将它们倒在铁桶表面，用手摇了摇……很快，那几袋细沙就全部装进铁桶里去了。

教授拍了拍手，再次问学生："现在铁桶更满了，那么它还能再装下其他东西吗？"

这时，学生们有点儿不确定了，思考议论一会儿之后，才谨慎地回答说："不能了……"

教授笑了笑，没有说什么，又从讲台下拿出几瓶水，一一倒进了铁桶里。

几瓶水倒完了,教授抬起来头,认真地问:"怎么样?这个小小的实验让你们想到了什么呢?"

一位学生立刻站起来,兴致勃勃地回答说:"这个实验告诉我们,不管日程计划安排得多么满,都能够挤出时间去做更多的事情。"

教授赞许地点了点,说:"你说得挺有道理,不过这并不是我想让大家明白的事情。"教授深吸了一口气,又接着说,"如果没有先将石块放进铁桶里,而是将细沙和水装了进去,那你就再也没有足够的空间将石块装进去了。可是如果你先将石块装进铁桶,铁桶里就会有很多缝隙用来装细沙和水。因此,当你们毕业参加工作之后,必须分清楚工作中的石块、细沙和水,并且要将石块放在第一的位置,先放进桶里。"

这堂时间管理课是生动而又成功的。教授通过这个小小的实验,让学生们明白了做事要分轻重缓急的道理,这一道理会让他们受益一生。

事情都有"重要"和"紧迫"的区别,而现在的年轻人最容易犯的错误就是分不清什么是"最重要的事"和"最紧迫的事"。他们做事情根本没有计划和头绪可言,看起来工作、学习都很努力,却从来没有体会过天道酬勤的感觉。而且一旦出现突发事件,整个人忙乱不堪,结果还会把所有的事情都搞砸。高效率的成功者则不同,他们总能够抓住关键部分,知道哪些事情是重要的,哪些事情是紧迫的,因此做起事来总是游刃有余,毫不忙乱。

不"瞎忙"的活法

对于做事效率低、每天都在"瞎忙"的人来说,应该按照怎样的优先顺序来处理不同类型的工作呢?请参考以下方法:

1. 重要且紧迫的事情:主要包括一些影响到工作大局的突发状况,还有一些时限紧迫的重要工作,这类事情必须马上处理好。

2. 重要但不紧迫的事情:主要包括一些手头上正在做,并且会影响到未来工作的重要事情,这类事情必须好好规划。

3. 不重要但很紧迫的事情:主要包括一些经常发生,但是时限紧迫的事情,这类事情可以集中精力快速处理。

4. 不重要也不紧迫的事情:主要包括每天的例行公事,这类事情可以有空再处理。

一生只做一件事，专注就能成功

任何人的精力都是有限的，所以我们做任何事都应该精力集中，把自己要做的事做到最好。倘若做事时三心二意，三天打鱼两天晒网，就很可能使自己已有的成绩付之东流。学习也同样如此，如果你在学习的过程中精力分散，态度不端正，就很可能用了最长的时间却学到最少的知识，甚至一点儿收获都没有。因此，钢铁大王卡内基说："把你所有的蛋放在一个篮子里，然后看住这个篮子，不要让任何一个蛋掉出来。"

任何一个成功者首先一定是个做事专注的人。对一家企业而言，专注是企业成功的保障。

一家大型合资企业在招聘栏里特别强调了一点，那就是每个员工都要专注于自己的工作，否则就不要到公司应聘。由于薪水比较高，仍然有很多人抱着侥幸心理到这家公司来应聘。当应聘者排着长队等在经理的办公室门口时，经理助手走出来问："你们都会阅读吗？"所有应聘者都回答说："会。"于是，他们被一个接一个地带到经理的办公室，但是没过一会儿他们又一个个失望地出来了。

轮到玛莎时，经理助手问她同样的问题："你会阅读吗，小姐？"

"会。"

"那好，你跟我来。"

"你能读一读这一段吗？"玛莎被领进经理办公室后，坐在桌子后面的经理边说边拿出一张报纸。

"可以。"

"你能不停顿地读完报纸上的这一段文字吗？"

"没问题。"

"很好。"经理把报纸递给玛莎。

玛莎刚阅读了一分钟，经理助手就从旁边的一个门里放出6只可爱的小狗。小狗跑到玛莎的脚边嬉戏玩耍。玛莎很想看一看这几只小狗，但是她知道自己现在的任务是读报纸。于是，尽管小狗在她脚边活蹦乱跳，甚至咬她漂亮的鞋子，她都没有放弃阅读。过了一会儿，玛莎终于连续不断地读完了。

经理很高兴，问她："难道你在读报纸的时候没有注意到你脚边的那些小狗吗？我想你应该知道它们的存在，对吗？"

玛莎回答说："是的，经理。"

"那为什么你不看它们一眼呢？"

"因为你告诉过我，一定要读完这段文字，所以我在遵守我的诺言。"

"你总是遵守你的诺言吗？"

"的确是这样，我总是努力地这样去做。"

经理听了她的回答，喜出望外，对她说："你就是我们公司需要的人。明天开始来上班吧！年轻人，你一定会有很好的发展前途的！"

成功者和失败者的最大差别在于是否集中精力、心无旁骛。想要过好一生，方法很简单，不是忙着追求财富，也不是急着追求地位，而是专注眼前的事。心理学研究发现：不论一个人多么聪明，都不可能在同一时间想两件甚至更多的事。所以，将手头的事一一做好，才是获得财富、地位、幸福的前提。

不"瞎忙"的活法

莱特兄弟专心于飞机的发明,结果征服了天空;洛克菲勒专心于石油事业,结果成了石油大亨;福特专心于生产廉价小汽车,结果开创了自己的汽车王国;海伦·凯勒专注于学习说话,因此尽管她聋、哑、盲,但最后还是实现了自己的作家梦……

所有的成功人士为了实现自己心中的远大目标都专心致志地做自己该做的事。许多人之所以没能成功,不是他们不够聪明,而是他们在学习和工作过程中总是吊儿郎当,不能专心于自己要做的事,以致任何事都能轻松地分散他们的注意力,从而影响到他们的效率,阻碍他们获得成功。

别忙丢了"时间"——抓住了时间就是抓住了成功

很多人都认为:生活忙碌点儿反而更加充实。可是,如果你总是忙忙碌碌,到头来却发现自己什么收获都没有,沮丧的同时又会感到非常郁闷。实际上,每个人都希望自己花费时间、努力付出之后都能够有所回报,因此合理安排时间去做事就显得非常重要。试问:你是一个懂得合理利用时间的人吗?如果不是,那你的时间飞到哪儿去了呢?

时间是挤出来的，怎么珍惜都不过分

很多人都曾发出过这样的感叹："觉得还没做什么呢，时间就过去了。"是的，一个小时、一个上午、一天、一周、一个月、一季度、一年，时间看起来很充裕，但总是在不知不觉间飞快流逝。很多人不懂得管理和利用时间，因此总抱怨没有足够的时间去工作、去创造。那么，时间这个神奇的东西，到底是怎么被抹杀掉的呢？

第一，对时间不够重视。认为时间不够用、抱怨时间不知不觉就溜走的人，其实是因为没有足够地重视时间。这些人不知道什么叫紧迫感，也意识不到时间的宝贵，总是喜欢做一些无聊的、没有意义的事来消磨时间，而到了真正需要的时候，才发现时间如此珍贵。

纵观世界上那些有所成就的人，无一例外都有一个共同点：非常重视时间，从不拖延。他们总是在别人消磨时间的时候，把有限的时间利用到极致，从而积累比别人更多的成就。

鲁迅之所以能获得如此高的文学成就，与他十分珍惜时间密不可分。鲁迅12岁还在绍兴读私塾时，父亲身患重病，两个弟弟年纪还小，生活的重担自然就压在了他和母亲的肩上。每天，他都不得不穿梭于当铺和药店之间。除此之外，他还得帮母亲做家务。即便如此，他依然没有耽误自己的学习，他对时间做了非常精确的安排，把时间和事件都划分为碎片，确保每件事情都能在固定的时间去完成。

在这样紧张的状况下，鲁迅依然有时间发展自己的兴趣爱好。而且他的兴趣十分广泛，不但喜欢写作，对于民间艺术，特别是绘画，他也非常感兴趣。鲁迅广泛涉猎和多方面的学习需要有更多的时间，所以，他比其他人更会安排和算计每一分、每一秒。

可见，你不重视时间，时间自然不会重视你。想要拥有比别人更多的相对时间并不是难事，只要你对它足够重视，提升每一秒的效率即可。

第二，总是让时间在一些没有意义的事情中白白浪费。我们虽然明白时间宝贵的道理，但很多时候总是无法控制自己去做一些浪费时间的事。比如，我们在正式投入工作前，经常耗费大量的时间到各种论坛、微博、网站中闲逛、闲聊，或者过多地参与一些消遣娱乐的聚会；有时我们甚至会因为某事而变得太过情绪化，让自己沉浸在悲伤、快乐或苦恼中不能自拔，白白消耗大量的时间。

1943年的夏天对于兰特先生来说似乎充满了灾难。兰特创办了一所商业学校，第二次世界大战的爆发导致很多青年男子都应征入伍参军去了，生源骤减，商业学校受到很大的冲击。兰特的大儿子也去服役了，他日夜担心大儿子会死在战场上。市政府准备征收一片地用来建机场，兰特的房子不巧被划了进去，而他能得到的赔偿金只有市价的十分之一，而且当时市内的房屋数量不足，兰特一家很可能在拆迁后露宿街头。与此同时，兰特的农场附近正在开凿运河，导致农场里的水井干涸。他打算挖一口新井，可这需要一大笔钱，而且农场也有会被征用的危险，这么一来，挖井的费用就会随之打了水漂；可如果不挖新井，他的农场就只能倒闭。更糟糕的是，兰特的大女儿马上要高中毕业了，而作为父亲的他将拿不出供女儿上大学的学费……

想到这一切都像一张大网紧紧地束缚着自己，兰特觉得又气又恼，烦躁得不知该如何下手去解决这些问题。无奈之下，兰特把这些令他烦恼的事都写在了纸上，然后去做自己认为可以处理的事。

时间过得很快，一年半后，兰特在整理书柜时无意间发现了这张纸，细细读过之后他惊奇地发现，那些曾让他感到无比烦恼的事后来竟然一项都没有发生——政府拨款给训练退役的军人，他的商业学校很快招收了很多学生，而且学生名额瞬间爆满，这给他带来了丰厚的收益；他的大儿子最后安然无恙地从战场回来了；动迁之前在他家附近发现了油田，所以政府决定不再征收这片地，他的农场也很快有了新井，这一大笔费用也没有如他担心的那样打了水漂；由于商业学校和农场都正常地运作，兰特大女儿的学费也有了着落……

兰特先生所担心的事情，最后一件也没有发生。所有曾经让他非常担心的事情如今看来都成了"杞人忧天"。

第三，经常想得太多，做白日梦。工作时精力不集中，一边工作一边计划如何度过周末，为没完成的工作操心，想着工资会发多少以及发了工资要买什么，反复琢磨跟朋友聚会时讲的那个笑话，老是放不下过去犯的错误或者失去的机会……这样毫无意义的胡思乱想无疑是非常浪费时间的。

几乎每个人都不同程度地存在这种浪费时间的行为，这种行为一旦养成习惯，就会给工作效率带来极大的影响。要想克服，我们首先要为自己的工作和生活划一条清晰的界线。工作时间，我们必须保证全身心地投入工作中。工作之外，我们应该尽情地享受生活，充分休息，处理好自己各方面的生活问题。

第四，总是在找东西。许多人在工作中总是在找东西，甚至为此忙得不亦乐乎。通过对100家大公司职员进行调查，美国学者发现了一个惊人的结果：公司职员每年都把七周甚至更长的时间浪费在对工作毫无用处的找资料中，这就意味着他们多浪费了至少10%的时间。这要求我们首先应该将东西区分为有用和无用两种；然后，扔掉那些浪费时间的无用的东西；

最后，将留下的东西分类保存。

第五，对工作消极怠工、毫无激情，办事拖拖拉拉。

悲观消极的情绪填满你的头脑，你就很难有精力投入工作，但是工作又不得不做，最终导致工作效率下降。妒忌、戒心、明争暗斗、愤怒等都是影响工作的消极情绪。许多员工对面前堆积如山的工作感到非常厌恶，几乎没有一点儿快速完成它们的欲望，工作表现懒懒散散。

还有的人总是花许多时间考虑这个顾及那个，左右不定，因为一些借口拖延工作，又因为没有按时完成任务而懊恼。在这段时间里，其实本来能完成的任务不得不转入下一个工作日。

要克服这些时间上的恶习，我们首先必须进行自我心理调适，培养积极心态；其次要学会使用日程安排表，每天要求自己及早开始行动，用积极的行动来带动自己的情绪。另外，除非迫不得已，否则尽量不要在家里办公，因为家是生活的地方，不是工作的地方，我们在生活的空间里很难专心地做好工作方面的事。

总而言之，时间管理是事业成功的关键。一个人能否在自己的职业生涯中取得成功，能否管理好时间这一点至关重要。

不"瞎忙"的活法

能力与时间是一个人最重要的财富。事实上，我们总是在用时间去换取才华，随着时间的流逝，一般情况下能力也会日益增强。倘若时间流逝，能力却不见增长，那么就表明我们在虚度年华。因此，我们想要获得更多的能力，就需要合理有效地利用时间。

1. 舍弃使你感到厌烦的工作，选择去做那些让你充满激情与感兴趣的工作。

2. 明确你的时间分配情况。例如，以一个星期为一个周期，以半小时的时间为最小单位去做事情，然后进行总结，看看自己在什么事情上浪费了时间。

3. 合理地利用时间碎片。其实，如果稍作留意，你会发现等电梯、等公车、排队的时候，时间不知不觉地流逝了。如果你利用这些时间看看书、背背英语单词或者大致思考一下工作安排，一定能得到一些收获。

4. 一定要提前做重要的事情。每天起床后先列出自己一天之内最重要的3件事，并要求自己一定要完成。

今日复明日,明日真不多

"明天"确实是一个拥有丰富内涵的词,不仅仅是一种时间上的单位,而且也可以作为一种代指,也许是下一分钟,也许是下一个小时,也许是一天之后,也许是很久很久之后。它的外表如此华丽,随时被人们挂在嘴边,随时可以出现在各种场合。想一想,我们平时是不是总能听到这样的声音:"哎!这些工作今天不想做了,还是留到明天再做吧!""今天实在太累了,不如明天再说吧!""明天才要,我很快就可以搞定,为什么现在着急弄?"……

关于"明天",科顿曾经这样说:"明天?你是说明天?我不要听。明天是个一毛不拔的吝啬鬼,它用虚假的许诺、期待和希望,大量剥削你的财富。它开给你的是永远无法兑现的空头支票。在亘古不变的时间长河中,明天是个永远都找它不到的狡猾家伙,只有傻瓜才会对它念念不忘、情有独钟。智者从来不会相信所谓的明天,也从来不屑于同津津乐道明天的人们为伍。"

我们每天都有事要做,而将一切今天可以做完的事延后到"明天"的情形,都可以称之为"拖延"。几乎每个人都有梦想,可是真正为了梦想而付诸实际行动的人却很少,就是因为他们总将自己制订的计划拖延至"明天"。

哈佛的图书馆有这样一句话:不要将今日之事拖延到明日。这跟我们常说的"今日事今日毕"是一个意思。实际上,知道这个道理的人很多,但能真正做到的却寥寥无几，尤其是一些患有严重拖延症的年轻人，他们根本无法接受"今日事今日毕"的说法，在他们看来，这样会让他们失去自由，也让他们觉得这是一种"强制性"的任务。因此，他们更喜欢"今日事明日毕"，并且可以为自己找来千万种理由——我真的太累了；工作任务太繁重；我不能因为工作而失去生活；反正任务不着急……这种喜欢给自己找理由的人随处可见，他们习惯了这样的逃避，并且依赖于这种阿Q式的精神支柱。

英国作家狄更斯说过："永远不要把你今天可以做的事留到明天做。延宕是偷光阴的贼。抓住他吧！"因此，那些总是抱怨时间不够用，或者付出努力却变成瞎忙的人，从来不懂得时间是成功的第一基础。想要充分地利用好时间，就要学会立刻行动，绝不拖延。当有了真正的行动之后，你会发现自己的能力远远不止于此。

在斯帕克很小的时候，父亲经常对他说："快，把你的帽子扔过栅栏，不要往后拖延！"

这是斯帕克和父亲之间的"暗语"，意思是说：当你面对一道难以翻越的栅栏并且打算退缩的时候，赶紧把自己的帽子扔到栅栏的另一边去。这样你就不得不强迫自己想尽一切办法翻越栅栏，而且不管你有多么不想做这件事情，都必须立刻行动起来。

斯帕克的父亲原本出生在一个贫穷的小镇上，在他20岁的时候打算离开家乡，去大城市里奋斗，于是他来到了堪萨斯州。当时他唯一的财产就是一条破旧的小船，为了养活自己，他干各种各样的脏活、累活，可是最后却没有领到工钱，还被几个小流氓打了一顿。面对这样的窘境，他想过乘小船回到自己贫穷的家乡去。可是那样就意味着自己将永远生活在穷困潦倒之中。最终，他决定留下来，不仅继续努力找工作，还把自己的小船给卖掉了。这样一来，他就没有了任何退路，只能前进，靠自己的双手去创造未来。

就这样，经过几年的努力，他终于有了自己的事业，并且在堪萨斯州站稳了脚跟。他告诉斯帕克："如果你没有动力去做自己想做的事情，就把自己逼到绝境上去，当你不得不做的时候，你就只剩下了一种选择，那就是马上行动起来，一刻也不能拖延。"

在现实生活中，有很多事情是不能拖延的，可是人们却习惯给自己找出各种理由，一拖再拖。要知道，"明日复明日，明日何其多"，很多事情只要你马上去做，就会变得易于解决。而且在你真正付出行动之后，效率自然会跟着提高。

不"瞎忙"的活法

很多人或多或少都存在拖延的心态与习惯，想要提高自己的工作效率，治愈自己的"拖延症"，就要做到以下几点：

1. 你可以给自己一些奖励，比如有一周的时间没有拖延，就犒劳自己，去享受一顿美食，或者允许自己放松一下，从而让自己拥有继续坚持的动力。要知道，你在拖延中所耗费的时间和精力，足以让你将事情做好。

2. 不断提醒自己最后的工作期限。这也是成功人士经常做的事情。在老板看来，提前完成任务的员工比按时完成任务的员工更值得信赖，也更具有前途。

3. 提高自己的团队意识，将自己放在团队中思考，这样也能够避免拖延行为的发生。因为你一个人的拖延，可能会影响整个团队的工作进度，甚至让整个团队陷入僵局之中。

4. 你必须记住一个真理，那就是"老板永远不会等你"。特别是在快节奏的今天，拖延就意味着损失，而老板大多都是心急的人，为了让自己的员工发挥最大的价值，他们会想尽一切办法，唯独不愿意花一秒钟的时间用在等待上。

失约让你的努力前功尽弃

在分秒必争、生活和工作节奏不断加快的今天,人们的时间观念越来越重,守时、准时成为现代人必须具备的基本素质。现代企业对员工的时间观念也同样看重,守时、准时的员工往往更能得到老板的青睐。

然而,很多初入职场的人虽然工作时表现得很努力,却没有时间观念,他们要么迟到,要么早退,要么无法按时完成老板交给的任务。工作上是否守时,不仅会影响你工作完成情况,也会影响到你个人的诚信。如果一个人连最基本的诚信都没有了,就算他的工作能力再强,也不能让别人产生信任感。

想要管理好自己的时间,做一个时间观念较强并且绝不拖延的人,我们首先应该做一个守时、准时的人。如果连守时、准时都无法做到,又有什么资格要求老板将一些重大且时效性较强的工作交给你来做呢?你可以想象一下:如果你事先和某家公司的经理约好明天上午9点见面签合同,可是到了第二天上午11点了你还磨磨蹭蹭没有出发,合同很有可能签不成,毁在你的手上。再比如,你与对方签订了销售合同,合同中注明了发货日期是本月20日,可是等到30日了你还没有一点儿发货的意思,恐怕对方接下来再也不会跟你有任何生意上的来往了。千万不要觉得遵守时间只是一件小事,关键时刻它足以影响到你的命运。

卡卡是某大型食品公司的销售主管,有一次他代表公司签订了一份沙拉酱的销售合同。合同中明确写着，卡卡的公司必须在当月15日把6吨沙拉酱送到旧金山，否则将赔付巨额的违约金。

合同签完之后，卡卡心情大好，回到公司向老板汇报签约的情况。老板嘱咐卡卡说："这次沙拉酱的需求量大，送货时间也十分紧张，为了能及时送货，你最好和生产部门协商一下，让他们加快生产速度，不然到时候交不出，那就麻烦了。"

"嗯，我也是这样想的。"卡卡说完就去了生产部门。可是，在经过宿舍时，卡卡被同事叫住了："嗨，卡卡，昨晚你看德国对巴西的那场球赛了吗？真是太精彩了！"

"当然看了，可惜……"卡卡是个球迷，被同事这么一问，立马来了兴致，边说边走进同事的宿舍，跟同事聊起了昨晚的足球赛。

直到下班的时候，卡卡才突然想起要去生产部门协商加快生产沙拉酱的事。可是刚走出同事的宿舍，卡卡看了看时间，想到自己还有一个重要的约会——那个他追求了好久的女孩子终于答应和他共进晚餐了。卡卡心想：反正离发货时间还有几天，明天再去找生产部门也不迟。

第二天刚到公司，下属就将好几封重要的商业信函交给卡卡。由于忙着回复这些信函，还要不断打电话联系客户，卡卡便将催促生产部门加快生产沙拉酱的事彻底忘了。直到14日下午，公司的会议结束后，老板问卡卡："送去旧金山的6吨沙拉酱都准备好了吗？"卡卡这才想起合同的事情。

"怎么了？有什么问题吗？"老板见卡卡脸色泛白，问道。

"没，没什么……"卡卡支吾着说。散会后，卡卡匆匆忙忙来到生产部门，告诉部门主管明天急需6吨沙拉酱。

可是生产部门的主管却说："这是不可能完成的任务。最近几天沙拉酱的销量特别好，公司基本上没有库存，上午生产的沙拉酱也已经全部发出去了，就算现在让所有的工人加班也生产不出那么多的沙拉酱。况且库存的生产原料也刚刚用完了,最快也要明天才能到货。"

"真的没有其他办法了吗?明天我们必须发货。"卡卡哀求道。

"真的没有办法了。"部门主管疑惑道,"你为什么不提前几天通知我们呢?这样的话,或许还来得及。"

卡卡无言以对。

第二天,由于实在没有货物可发,卡卡只能给旧金山的合作方打电话说明了自己公司的情况。谁知合作方不但不听卡卡的解释,还大骂他是骗子。原来,合作方早在前几天就打出了广告,说15日会有一大批新鲜的沙拉酱和顾客见面,欢迎顾客到时前来购买。尽管卡卡找出了各种理由向合作方解释,合作方还是通知了律师,准备起诉卡卡的公司。

最后,卡卡的公司赔付了巨额的违约金,卡卡本人也被老板解雇了。

卡卡的经历启示我们:做一名严格守时的员工是多么的重要,不守时所带来的后果有时候可能比我们想象的更加严重。如果因为自己的不守时给他人或者公司带来巨大损失,那么自然会给他人留下一个极坏的印象,甚至自己也会因此被公司解雇,大好前程毁于一旦。

遵守时间不仅是对他人的尊重,也是一种自我约束。时常迟到或者爽约的人,既是对别人的不尊重,也是在告诉别人"我是一个没有时间概念的人",长此以往便很难再获得别人的信任。在商业社会,无论是个人还是企业,都很看重"信誉"二字,没有哪个人愿意和不守时、不准时的人建立合作关系,也不会有哪个老板愿意把一些重大的任务交到不守时的员工手里。所以,如果你有拖延、吊儿郎当的习惯,那么从现在开始赶快改正,做一个守时、准时的人。

不"瞎忙"的活法

时间对每个人来说都是公平的,谁也没有权利侵占和浪费别人的时间。鲁迅曾经说过:"浪费别人的时间就好比谋财害命。"因此,要努力做一个守时、准时的人,在尊重别人的同时,也给别人留下一个好的印象。而且,守时、准时的人一般拥有较强的自律感和责任感,他们也往往能够做到诚实守信。这既体现了一种做人的态度,也向别人展示了你的个人素质。

不要把时间浪费在不切实际的方面

如何才能让自己从瞎忙的状态之中走出来呢？这取决于你能否早日行动。这里所说的行动包括做什么事和用什么方法做事两个方面。在做事的时候，时间管理十分重要，或者从某个角度来看，时间管理就是人生的自我管理。

你之前有没有出现过以下状况：

1. 当拖着疲惫的身体回到家时，突然意识到自己还没有完成领导交代的某项工作。

2. 给亲人或朋友打完了电话，在挂断电话的那一刻突然想起自己原本想要说的话却没有说。

3. 突然看到书桌上记了一个不知名的电话，好奇地拨通后，对方刚刚准备自报家门时你却突然挂掉电话。

4. 总是会发出这样的感慨："为什么计划总也赶不上变化？"

5. 向客户递交自己的名片时，突然想起递过去的名片背后还写着他人的联系方式。

6. 怎么也想不起来自己把某样重要的东西放哪儿了。

7. 总是被同事说你的办公桌过于杂乱。

8. 很想去旅游，可是因为工作忙或其他事情牵绊，一直也抽不出时间。

9. 你曾经承诺过别人什么事，过了很久才记起来。

10. 当你不小心把某个重要的约会忘掉后，最后总是用生病的借口搪塞过去。

管理不好时间的人,可能是没什么事做,也可能只是看起来很忙的瞎忙。而能够管理好时间的人,第一现象也是忙,但这种忙是有效率、有目标的忙,而不是瞎忙。

是不是经常看见这样的情景呢?

办公桌一片狼藉,笔啊、废纸啊、文件啊到处乱糟糟的,堆满了一桌子,简直无从下手,需要一份文件的时候总是要花很多的时间去找。

正在做着某件事,突然想起来还有一件紧急的事情需要立刻完成,于是丢掉手里正在做的这件事去做那件事情。可是过一会儿又发现,好像其实这件事情更紧急一些。

每天下班时工作都完不成,于是不得不加班,往往到了半夜才拖着疲惫的身体回到家,然后倒头就睡。不知不觉几个月时间过去,没有回家看过父母,也没有和朋友出去玩过。

明明有那么多时间,却没干什么事,时间都是怎么没的?自己也说不清楚,没有头绪。反正事情一来就干,或者想起来什么就干什么,一旦事情多了就不知道怎么安排,这样的人是管理不好时间的。能够合理安排时间的人,工作状态虽然忙碌,却从不"盲碌",他们总是能够轻轻松松地完成手上的任务。

小说《做单:成交的秘密》塑造了一个非常会利用时间的人物——詹姆斯。詹姆斯是MBI公司大中华区的总经理,他在公司可以说是很多人的偶像。因为他没有任何背景,完全凭借自己的努力从一名普通的销售员做到了MBI公司大中华区总经理的位置。而且他优秀的表现促使他很快从一名销售员升到三线经理、二线经理、一线经理,并且他在每个岗位上做出的业绩都非常出色。

这样一个神话般的人物,到底是怎样利用时间的呢?小说里给出了详

第五章
别忙丢了"时间"——抓住了时间就是抓住了成功

细的描述：

　　詹姆斯做事很讲究效率，他每天8：15准时到办公室，第一件事就是打开笔记本电脑开始工作。而且从这一刻开始，他会雷打不动地处理公事，无论什么事情都难以让他从办公桌前离开。别的同事了解詹姆斯的做事规律，很少在这个时候去打扰他。9点整，工作了45分钟的詹姆斯马上合上笔记本，召集刚入职没多久的新同事到会议室，利用9：30~10：20这段时间和大家一起聊天。大家聚在一起，积极踊跃地发表自己的看法，提出自己的意见和建议，因此詹姆斯在这一时间段的收获也很多。

　　午饭时间詹姆斯也利用得很好，如果有客户来拜访，他会和客户在附近的餐厅吃饭，这样既能谈生意，又不会在来回路上浪费太多时间。

　　下午他一般会和各销售分部负责人开会，讨论下一步的销售计划。17：00~19：00这段时间又是他的个人工作时间。19：00一到，他立刻离开办公室，准备回家。回家后，妻子已经把饭菜摆好，于是一家人围在一起其乐融融地吃饭，吃完饭，詹姆斯陪妻子和孩子待到21：00。然后，詹姆斯洗个澡，21：30准时上线，再工作两个小时。23：30准时睡觉。早上6：00起床、洗漱，在家工作半个小时，接着吃早餐、出门，7：30到公司楼上的健身房锻炼，8：15到办公室，开始一天的工作。

　　这里列举詹姆斯的例子，当然不是说让我们一定要像詹姆斯一样，每天像个陀螺一样不停地打转，但我们一定要具有把时间花在有意义的事情上的意识。试想，如果你每天都能多利用一小时去做有意义的事情，那么一年下来，你将有300多个小时的时间来提升自己，不管是工作还是学习，你都将获得巨大的收获。

不"瞎忙"的活法

　　我们要养成记录时间的习惯,将花了多少时间、做了哪些事情,详细地用本子记录下来。比如,每天早晨起床花了多少时间;早餐、洗漱用了多少时间;到达公司用了多长时间;完成一项工作用了多长时间……将这些记录下来,我们会清晰地发现自己在哪些方面浪费了时间,又在哪些方面效率最高,然后详细地进行规划和整理,这样做有利于从根本上改正我们浪费时间的坏习惯,也有利于我们发现自身的优点。

善于把握并充分利用好你的零碎时间

每个人的生命中都会有许许多多的零碎时间，比如排队等公交车、工作的间隙、下班回家的途中等。这些时间看起来毫不起眼，却是我们生命的重要组成部分。要想提高自己的做事效率，不再整日瞎忙，就要学会将这些时间利用起来。"泰山不让土壤，故能成其大；河海不择细流，故能就其深。"零碎时间虽短，只要能够抓住并合理利用，相信用不了多久，你就会收获意想不到的效果。

有一位研究新闻学的教授，为了挤出时间广采博纳，把一部浩瀚的《全唐书》放在厕所里，数十年来，坚持利用每天上厕所的时间阅读，硬是熟读了其中所有的篇章。由此可见，零碎时间积累起来是很惊人的。如果我们每天花一个小时读10页能够提升我们的能力、开阔我们的视野或者增长我们学识的书，每年可读3600多页，从16岁开始到70岁，就可以读近20万页。如果读书得法，这近20万页书足以使你成为某一方面的专家了。

对零散时间的利用，要用之得当。单纯从数量上看，一定量的零散时间之和就是等量的大段时间，但是由于工作的性质和内容不同，对于大段时间和零散时间的要求也是不一样的。例如，一门系统知识的学习，对大段时间要求较多。因为学习一门知识，有一个入门、渐入、深入的过程，零散时间是不易完成这一过程的。在这种情况下，一些零散时间的合并与积累就不等于等量的大段时间。但有些学习内容却适合于零散时间，例如记外语单词，连续背几个小时的效果往往不如利用分散在一天中的几个一二十分钟的效果好。可见，零时整用，也要用之得当，用之不当，就会得之不足。

零碎时间大致可分为两种：一种是不可预见的零碎时间，事前思想并无准备。比如与某人约会时，由于对方临时出现意外情况，有事或某种原因不能按时赴约，让你白白苦等了一段时间；再比如你排长队买东西时，也要消耗掉一段时间；到饭店吃饭时，从点菜到菜上桌还要等上一段时间。

另外一种是可以预见的零散时间，事先有思想准备，知道该需要多长时间。比如，常常乘坐火车或者飞机的人，在等候大厅等候的时间，这是可以预见的。当然更应当有效利用的则是在火车上、飞机上的时间，这也是可以预见的时间。此外，还有开会前等待的那一段时间。

即使每天你的零碎时间只有两个小时，也不要轻易忽视它。有些人觉得两个小时的零碎时间不足挂齿，经常白白地消磨过去。其实不然，如果把这仅有的两个小时利用好的话，日积月累，也会给你的事业带来意想不到的价值！绝不要小瞧这些零碎的时间，因为大多有成就的人都是能巧妙而有效地利用空闲和零碎时间的人。

班纳在一家航空公司上班，是一名被认为"最懂得利用时间"的技术指导员。班纳和其他员工拥有一样多的时间，可是他却比其他员工能多做很多事情。其他员工都很好奇，甚至在私下讨论："班纳是怎么做的呢？"

在一次表彰大会上，班纳亲自给出了答案。原来，班纳每天早上6点都会准时起床，赶第一班公交车去上班。由于住处和公司离得比较远，乘坐公交车的时间要将近两个小时。然而班纳并没有将这两个小时的零碎时间浪费掉，而是用来阅读。当然，他并不是胡乱地随便翻几页书打发时间，而是像上课一样认真地阅读和工作有关的技术性书籍。

到公司的时候差不多8点了，这时办公室里的同事们还没到，班纳便

第五章
别忙丢了"时间"——抓住了时间就是抓住了成功

开始全神贯注地梳理一天要做的事情，并且将它们写在记事本上，再根据每件事情的轻重缓急标注好先后顺序以及将花费的时间，时间通常会精确到分钟。尽管这段时间并没有其他同事在身边，可班纳仍然一丝不苟地坐在自己的办公桌前，在脑袋里计算自己接下来将花多少时间去做哪些事情，最后的成效又会如何……

9点钟，上班的时间到了，其他同事纷纷赶到，忙得不可开交，班纳却已经做好了充足的准备，马上进入到快速、高效的工作状态。

午餐和午休时间班纳也会合理地安排。下班回家途中，班纳依然利用乘车时间继续学习。晚上回到家里，班纳一边回想自己白天所学过的知识一边吃饭。吃完晚饭，他打开电脑，开始在一些技术交流网站上发表自己的读书心得。由于他的见解独到、体会精妙，很多文章被网友们疯狂地转载，渐渐地，喜欢和支持他的网友超过了十万。

在表彰大会上，班纳说："如果说我是公司里最会利用时间的人，那么我只是把自己的零碎时间用到了最恰当的地方。"

很多人总是抱怨自己的时间不够用，他们好像有太多太多的事情要做，可都因为"没有时间"而久久不能完成，或者根本没有去做。这样的人真是忙到没有时间吗？如果他们每天能够抽出一个小时来做自己喜欢的事情，一年就有了365个小时，10年就有3650个小时，如此积少成多，不管做什么都能够得到回报。更何况每个人都拥有很多零碎的时间，如果能够把零碎时间利用好，你根本就不需要再专门抽时间来做那些事情。

可惜的是，在现实生活与工作中，很多零碎的时间都被我们浪费掉了。比如还差半个小时才开会，于是坐在办公室里听听音乐、聊会儿天，正事一点儿没做，半个小时就这样荒废掉了。如果你认为自己的时间不够用，那么请静下心来仔细想一想，平时自己的零碎时间都有哪些？可以利用这些零碎时间做什么？比如培养自己的个人爱好、读书、参加某个培训、做志愿者、好好享受生活等等。只要是你想做的事情，都可以用零碎的时间去完成。

不"瞎忙"的活法

利用零碎时间也要掌握一些方法，我们必须注意以下几个方面：

第一，要有积极的心态。积极的心态对于利用零碎时间至关重要，比如你可以利用的时间只有五分钟，不要想着"只有短短的五分钟，好像什么事情都做不了"，而应该告诉自己"还有五分钟呢，我要好好利用它"。这样的积极心态能够让你利用好零碎时间。

第二，只要你感到无聊，那就是你可以利用的零碎时间，应该立即行动起来。我们通常会在什么时候感到无聊呢？比如，会议前10分钟，在茶水间等水开的时候，等公交的时候，等火车的时候，堵车的时候，在银行排队的时候……

第三，抓住零碎时间做自己的"大计划"，你可能会不知不觉比别人前进一大步。

就拿考驾照来说，学习和考试周期为三个月，那么，你是不是一定要腾出三个月的时间来专心学习和考试？当然不必。我们可以试着只用零碎的时间来完成它。比如，关于需要背诵的理论知识部分，你可以随身携带教材，在等车、坐车或者午休的时间看一会儿，晚上睡觉前再抽出一个小时的时间来复习、巩固。如果你够专注，相信笔试部分根本难不倒你。关于开车的实操课程，你可以安排周末的一天去学习，或者某天下班早，还能抽出傍晚的时间去练习一会儿。至于开车的技巧，你可以在工作间隙从网上搜搜看看，加深对驾驶的了解和认识，这些零星的知识点也有助于你快速通过考试。这样一来，即使你考取驾照的时间比别人要长一些，或许要四五个月，但你只不过利用了自己工作之余的时间,并没有因此而荒废三个月的工作。相较之下,你还是比别人更高效地利用了时间。

给时间做加法，让你忙出奇迹

你是否经常听身边的人这样说："两眼一睁，忙到熄火。""平时白加黑，全周五加二。"如果你无意间跟他们谈到了理想、梦想，他们更是一副惊讶又不屑的表情："这么忙碌的时代，你还提理想呢？我连给孩子洗衣服的时间都没有！"如果事实真的如这类人说的那样，那么，那些实现自我理想、站在人生高处的人，又是怎么做到的呢？

有一句话叫"事情就怕加起来"，告诉我们，只要愿意去做，哪怕是很小的事情，一点一滴加起来，也会筑成成功的大厦。同样，如果你总觉得自己的时间不够用，没时间学习、没时间进修、没时间提升自己，甚至没时间打理好自己的生活，那么，我们只能用"时间就怕加起来"来提醒你，你其实有的是时间，只不过没有将时间一点一滴加起来去完成一个目标的意识和志向。

美国西部某个乡村里曾经生活着一个贫穷的少年。这个少年的心中有很多与探险、旅行有关的美好的想法，每当他有空的时候就会拿出祖父送给他的生日礼物——一幅世界地图，看着上面的城市、山脉、江河，他总是幻想自己有一天能游遍这些地方，去看那些美丽的风景，领略世界万象。

在不断想象之后，他决定将自己的愿望都写下来。就这样，他写了一本气势不凡的《一生的志愿》："要到尼罗河、亚马孙河和刚果河探险；要登上珠穆朗玛峰、乞力马扎罗山和麦金利峰；驾驭大象、骆驼、鸵鸟和野马；探访马可·波罗和亚历山大一世走过的道路；主演一部《人猿泰山》那样的电影；驾驶飞行器起飞降落；读完莎士比亚、柏拉图和亚里士多德的著作；谱一部乐曲；写一本书；拥有一项发明专利；给非洲的孩子筹集100万美元捐款……"

这个少年一口气把心里所想的全写了下来，最后他数了数，这些个个都了不起的愿望加起来竟然有127个。他兴致勃勃地将自己的愿望拿给别人看，但所有看到的人都不禁笑出了声——这在他们看来太可笑了，实现一个尚且很难，更别提一百多个了。

然而，少年一点儿也不气馁，他排除一切困难，开始逐个实现自己的愿望。44年后，他实现了《一生的志愿》中的106个愿望……他就是20世纪美国著名的探险家约翰·戈达德。

也许你会惊讶于少年身上发生的奇迹。对普通人来说，实现其中一个梦想恐怕都要花费毕生的时间，更何况实现一百多个？但是，只要你去做，就会发现这并非奇迹。因为一旦开始行动，你会发现完成一件事情有时只是时间的累加，并不像你想象的那样困难，只要你持续不间断地去做，时间也会"放慢"脚步来帮助你，直到你实现目标的那一刻。

充分利用零碎的时间并取得最后的成功，这当然是一件很美好的事情。但如何才能实现呢？我们不妨效仿探险家约翰·戈达德，先给出那个"和"，再去寻找得到这个"和"所需要的加数。

比如，你想强身健体，坚持慢跑，在一年之内跑够1200公里，那么这个1200就是你的"和"。分配到每个月是100公里，每天就要跑约3.3公里，这个3.3公里，就是你所寻求的加数。一般情况下，正常成年人每天跑3.3公里的时间需要半小时左右；长期坚持的人或者善于跑步的人，大约只需20分钟就能跑完。每天坚持跑20分钟到半小时，一整年的路程加起来，你就会收获自己想要的那1200公里。

再比如，你想丰富学识，预计一年读 20 本好书，那么这个 20 就是你想要的"和"。这样算来，你每个月要尽量让自己读完两本。以一本书平均 200 页来算，你每天只要花费二三十分钟读完 14 页，一年所读加起来，就是你希望达到的目标。

此外，关于你专业的进修、职位的晋升，也可以用这个"加起来"的方法来安排每天的工作。

当你真的这样做时，你会发现，很多看上去很高大、很遥远的目标，其实并没有我们所想象得那么高，成功与否取决于你敢不敢想、有没有找到合适且正确的方法。许多看似宏伟的梦想，并非需要奇迹出现才能实现，而只是一个巨大的"和"，只要你将一点一滴的时间和努力加起来就能达成。

如果你还不敢相信"加起来"的方法，甚至怀疑自己、怀疑时间、怀疑未来，那么不妨到大街上去，站在建筑工地的施工现场旁边观察一会儿，看看工人们是如何把每一块砖和水泥加起来，再把钢筋、管道和不同的材料加起来，最后建成让我们仰望、赞叹的高楼大厦的。

不"瞎忙"的活法

我们经常听到这样的抱怨:"我忙得连上厕所的时间都没有,可为什么还是不能完成老板交代的任务?"是因为他们愚笨吗?是因为他们不够努力吗?都不是,而是他们没有管理好自己的时间,没有把时间用在刀刃上。

那么,如何做才能利用好自己的时间,发挥时间最大的效率呢?

第一,用最佳状态去做最重要的工作,于无形之中提高工作效率。

第二,让每一分钟"物尽其用"。"时间就像是海绵里的水,只要愿意挤,总还是有的。"无论工作多么繁重,时间多么紧迫,只要懂得挤时间,就会比别人得到更多的时间。

第三,今天的事必须今天做完,绝不拖延到明天。这其实也是提高时间利用率的最简单而有效的办法。

能取能舍,不做"瞎忙族"

放下你的工作,释放你的压力,调养你的身心,好好享受一下生活的美好,从此不再瞎忙。用心品尝一顿可口的饭菜,给自己的身体做一次全面的检查,重新拾起自己的兴趣、爱好,或者来一次说走就走的旅行,总之,保持积极心态,塑造健康体魄,自在乐观地为自己活一次。

成功需要清空自我的勇气和智慧

大家还记得我们每年过年前都要进行大扫除的经历吗？当我们把一箱又一箱的东西打包时，一定会很惊讶自己竟然在短短一年的时间里，累积了这么多东西。这时我们开始后悔：如果自己平时稍微花点时间进行整理，及时扔掉一些不再需要的东西，就不至于眼下为了收拾累得连腰都直不起来。

做人也是这个道理：在人生道路上，我们应该随时随地进行自我清空，丢弃旧我，接纳新我，让自己以崭新的面貌迎接新的一天。

汤姆原来是一个艺人。两年前，他踏进了演艺圈，而且演艺事业一帆风顺，有很多人上门找他拍戏，一时间，他的演艺前途颇被看好。但是，汤姆似乎并不开心，在演艺界，他总感觉不能将自己最好的一面展现出来。汤姆一心想找到自己未来发展的方向。两年后，他毅然离开了演艺界。

每天傍晚，汤姆常常一个人跑到海边钓鱼、发呆。有一天，他仍然像往常一样一个人坐在海边，对着远处的灯火发呆，突然心里出现一个声音：我就这样活一辈子吗？整天无所事事，没有自己的目标和理想。要不然我去开餐厅吧。"吃"是汤姆从小到大最喜欢做的事，也是他认为最有意义的事。他喜欢研制美食，没事的时候可以一整天都待在厨房不出来。有了开餐厅的想法，汤姆决定好好利用自己的专长，开始谋划自己的创业大计。他一面找人投资，一面去上会计、营销的培训班。很快，汤姆的概念泰国

第六章
能取能舍，不做"瞎忙族"

餐厅开张了。汤姆没有老板的做派，更像是一个不停忙碌的餐厅伙计，洗碗、配菜、打杂到掌厨，而且一工作起来就是十几个小时，下班了还抱着菜谱研究。在他来看，做菜不仅是一门艺术，要想取得成功，就得不停地试验。而且他已经打算把"吃"当成一辈子的事业，也是他一生中最爱的事业。

从汤姆的例子可以看出，生活就是这样，我们要懂得放弃。只有放弃了旧我，才能找到真正的自我。

一个富翁背着很多财宝，跋山涉水去远方寻找幸福。可是走过了许多地方，他都没有找到快乐，于是他不知所措地坐在路边。这时一位樵夫哼着小曲从山上走下来，富翁问他说："我拥有了人人都羡慕的财富和地位，请问，我为什么总是感觉不到幸福呢？"

樵夫放下背在肩上沉重的木柴，微笑着说："幸福其实就在你的身边，放下就是幸福呀！"

富翁听了顿时恍然大悟：自己一直以来守着财宝，害怕被盗贼抢去，害怕别人惦记自己的东西，整日提心吊胆，幸福从何而来？于是富翁将钱财周济穷人，以后的日子，他不仅心灵得到了解脱，同时也尝到了幸福的滋味。

哲学家说，放下就是快乐，放得下才能拿得起。放下之后，才有能力经营好未来。放下的，是过去；经历的，是当下；拿起的，是未来。可见，"放下就是幸福"，是人生的一种智慧。

在人生路上，每个人不都是在不断地积累吗？包括名誉、地位、金钱、亲情、人际关系、健康等，当然过程中也免不了烦恼、苦闷、挫折、沮丧、压力等。面对这些，我们要懂得该丢弃的要及时丢弃，该储存自然要及时储存。

当我们对现在的自己失去信心或者感到自己现在的事业无意义时，主动学会放弃；当一件事情进行不下去的时候，放弃也许是最好的选择。总之，明智的放弃胜过盲目的执着。当你能够坦然地放弃努力了很久却没有多大成效的事情时，你的生命就得到了升华，你的人生就得到了跨越。

不"瞎忙"的活法

生命如同一次旅行，如果不懂丢弃，你会越走越累，只有舍弃那些对你来说毫无用处的东西，你才会健步如飞。事实证明，背负的东西越少，就越能轻松应对突发的状况，同时激发自己解决困难的潜力。

如果有必要，你可以把自己应该背负的东西列一张清单，带着明确的目的前行。

第六章
能取能舍，不做"瞎忙族"

欲望可以有，但别被它连累

世界太大，你太渺小。渺小的你不可能拥有浩无边际的世界，因此，不要总幻想着你一个人能把全世界的事情完成。

在某山村，一个农民辛辛苦苦好不容易等到玉米成熟，没想到来了一群偷吃玉米的猴子。为了对付这群猴子，农民发明了一个捕捉猴子的方法：他当着躲在不远处的猴子的面，把玉米放进一个葫芦形状的细颈瓶子里，并将其绑在大树上，然后就离开了。

夜幕降临的时候，一只小猴子悄悄来到树下。当它看到细颈瓶子里有自己眼馋的玉米时，便急不可耐地将爪子伸进瓶子里去抓玉米。可是，就在小猴子一把抓住玉米后，爪子无论如何也抽不出来了。

如果小猴子能够放下玉米，它就可以安然无恙地离开。然而，这只小猴子十分贪婪，它对已经到手的玉米根本舍不得放手，就这样持续到第二天早上。一直等到农民抓住它的时候，小猴子竟然还舍不得玉米。

相信看完这个故事，你也会感慨小猴子宁愿被抓也不放手的愚蠢，可是，审视一下自己，如果你的面前摆放着大量金钱，或者是至高无上的权力时，你愿意轻易放弃，转身离开吗？

一个小孩一连买了五六个渔网，结果都被金鱼挣破了。于是他向卖渔网的老板抱怨:"你这里的渔网质量太差了,我一条都捞不上来。"

老板笑着说:"你既然知道渔网很薄,为什么还要专捞那些个头大的金鱼呢?如果你愿意捞小一些的,现在你的鱼也许可以放满一个小鱼缸了。"

在贪心的小孩看来,一切东西都是越大越好,越多越好,因此他从不考虑自己手里的渔网究竟能不能撑得住大鱼的重量,只认为花了钱就要得到最多的实惠。其实,金鱼并不一定是大个儿的好,小金鱼也有小金鱼的轻巧美丽。

有一位诗人曾写过一首非常简单的诗,这首诗只有三个字:"生活——网。"意思是说,生活就像手中的网,人们想要捞取很多东西,越多越好。然而在这个过程中,我们也被欲望之网网在了其中,脱身不得,进而失去了对生活的掌控。

现实生活中,我们经常听到有贪官倒台的消息,如果看这些贪官的履历,会发现他们最初也是本分的人,他们最初当官的愿望大多是想要回报社会,或者实现自己的价值。可等到他们手中有了权力,发现这些权力能够换来许许多多便利和金钱时,他们的贪欲便越来越膨胀,一发不可收拾,直至损人利己,走向毁灭。由此可见,人的欲望无穷无尽,永远也无法得到满足。但是欲望太多,不仅难以实现,有时还会连原本拥有的也失去。

懂得满足的人,哪怕只是得到一点点的东西,就开心无比;而贪婪的人哪怕拥有整个世界,也不会知足,天天生活在不满足的痛苦中。贪婪者追求财富就像手握细沙,越想抓住一切,就越用力;越用力,细沙流失的就越多,直到两手空空。要知道,即使你拥有的再多,所能够享用的其实还是那么一点点。

中国民间曾流传过一首《十不足诗》:
终日奔忙为了饥,方得饱食又思衣;

冬穿绫罗夏穿纱,堂前缺少美貌妻;

娶下三妻并四妾,又怕无官受人欺;

四品三品嫌官小,又想面南做皇帝;

一朝登了金銮殿,却慕神仙下象棋;

洞宾与他把棋下,又问哪有上天梯;

若非此人大限到,上到九天还嫌低。

这首打油诗将"人心不足蛇吞象"的丑恶嘴脸描写得入木三分。有些人仿佛总是没有满足的时候,不管自己拥有多少东西,只要别人有的,自己没有,就忍不住贪欲想要占有,这种人被贪欲侵蚀骨髓,直到病入膏肓,都得不到一点儿快乐。

不"瞎忙"的活法

人们想要过上富足的生活,这样的心态本无可厚非,但是,凡事都要把握一个度,否则,过度的索取就将演变成可怕的贪欲,不仅带给人精神上无休无止的伤害,还会让我们难以品尝到简单的快乐。

要时刻牢记这样一句话:不要幻想拥有全世界,只拿你该拿的。

定力不足，会掉进一个叫忙碌的壳里

对于某些功成名就的人来说，他们依然要全身心投入艰巨繁忙的工作中，他们这么做的目的是为了保住现在来之不易的成果，总是担心稍一松懈就会被后来者超越，因此就用紧张的神经给自己制造一种充实的幻觉。事实上，他们陷入了忙碌的旋涡，这样的人，越忙越沮丧，越沮丧越忙。

许多刚刚踏入社会的年轻人为生活所迫，都习惯了很晚才休息，又很早就起床的状态。为了追逐名利与声望，他们常常会忽略家人，很长时间都想不起来要跟朋友联系，仿佛每时每刻都有做不完的工作，为了得到而欣喜，因为失去而伤心。可是，当他们每天拖着疲惫的双腿行走在人来人往的大街上时，内心又总会感到莫名的失落，唯有触摸钱包，才能获得一点儿安慰。

很少有人会思考自己为什么忙碌，又为什么非要摧残自己的身心也要获得一些不必要的东西，只知道在忙碌里或欣喜，或悲伤，而那个最初的自己，已经不知道遗失在哪个角落了。

一位算是事业有成的企业家每天都在为了拓展自己的事业而忙个不停，对妻子的柔情视而不见，就连儿子的成长也很少参与。突然有一天，这个企业家积劳成疾被迫住进了医院。医生经过初步诊断，告诉企业家他有可能患上了癌症。

当企业家近乎绝望地躺在病床上时，才发现原本美丽的妻子脸上已经悄悄出现了细纹，自己印象中的儿子如今也早已长大成人，蓦地为自己对妻儿的忽略感到一阵悔恨，他突然感到与亲人能够多一点儿相处，远远比短暂享受的物质生活更加重要。于是，企业家哭着向自己的妻儿承诺，只要自己的身体能够痊愈，他一定会带着他们出去游玩，去任何他们想去的地方。

后来，医生对他进行一番复查后，发现他并没有患上癌症，只不过是良性肿瘤，只需要做个肿瘤摘除手术，而且用不了多长时间，他就可以出院了。尽管他很想兑现自己对妻儿的承诺，可是公司里还有一堆紧急事务等着他去处理，许多重要会议也都等着他出席，结果他只能用"身不由己"向妻儿表达自己的无奈。

在人的一生中，事业不过是其中的一个组成部分，它并不是最重要的，生活的目的是要活出自在，活得愉快、健康。那些整天忙个不停的人更应该明白这一点。如果为了成就一番事业而忽略身边的亲人，忽略享受美丽的风景或一顿美味佳肴带来的快乐，那就得不偿失了。

一位从著名大学毕业的商学博士为了暂时逃离繁重的工作，来到一个小渔村度假。他看见一个渔翁钓了三五条鱼就放下了鱼竿，感到很困惑，于是上前对渔夫说："这里的鱼有那么多，你为什么不多钓几条呢？"

渔夫回答："今天要吃的鱼我已经钓够了。"

博士说："你多钓几条，可以去卖嘛。你把鱼拿到市场上去卖，用换来的钱去买渔船，这样你可以捞很多的鱼，卖更多的钱。"

渔翁问："我要那么多钱干什么？"

博士说："那样你就可以退休，想干什么干什么，想钓鱼了就钓鱼，想睡觉了就睡觉。"

渔夫说："我现在就是想钓鱼就钓鱼，想睡觉就睡觉啊！为什么还要做你刚才说的那些麻烦事呢?"

要想生活过得更有意义,更多姿多彩,并不是什么难题,你首先要学会的是协调生活,做到工作、生活两不误,不要因休闲娱乐而耽误了工作,也不必做废寝忘食的工作狂。无止境地日夜工作和无休止地追逐玩乐一样不可取,慢慢地你会发现很多工作并非刻不容缓,你只需合理安排,在适当的时间把它做完即可。

某著名外企的一位分公司总经理突然有一天向上级领导递交了辞职信,独自一人前去美国进修摄影。

有人疑惑地问他:"你好不容易才获得这么高的成就,为什么要突然放弃呢?真是太可惜了!"

他回答说:"我不觉得自己的做法是错的。人的一生短短几十年,就应该去做自己感兴趣的事情。况且,如果想活出更精彩的自己,就要尝试不一样的生活,挖掘自己更多的潜能。"

稍作停顿之后,他又解释道:"我前35年的主要目标就是赚到更多的钱,如今我自以为自己赚的钱足够一生所需,那么接下来的时间,我的主要目标就是去美国进修,之后拿着单反去全世界旅行,开阔眼界的同时,也可以拍摄更多精彩的相片。然后,我要向父母尽孝,寻找一个温柔善良的女子,与她结婚生子。也许,我还会写一本书。只有这样,我的人生才能更加丰富多彩,而这也是我想要的生活常态。"

想要的太多,又急于求成,这时候往往很容易陷入迷失和苦恼,于是常常拼命去做,结果反而把自己局限在一个狭窄的圈子里不能自拔,并且经常忘记做事情的初衷是什么。如果你目前是这样的状态,那就请静下来想一想:你只是为了做,还是为了不让自己显得过于空虚呢?

不"瞎忙"的活法

生活的真谛在于享受每一分钟的美好,走好每一步的路。

生活不是处理紧急事件,完全没必要自我摧残。除了工作之外,还要照顾好家人,切忌把生活弄得太紧张,从而造成不和谐的氛围。

你只是看起来很忙

过分忙碌的背后隐藏着未满足的需求

在日常生活中,几乎绝大多数人总是焦虑不安,形容憔悴,好像每天都在忙工作,完全没有休息的时间,因此,很多人总是慨叹:"我只是想要外出旅游几天,放松心情,可是我真的没有时间!"事实上,从身心的健康发展来看,每天忧虑是不可取的,如果工作太累,不妨暂时放下,放松一下,走进大自然,让大自然给自己的心灵来一次洗涤。

近年来,不少人都想到张家界、黄山去看看,因为那些地方山清水秀,能让自己的内心放松,并且感到舒适、恬淡。古人说"知者乐水,仁者乐山",可见山水对人的心灵有轻柔神奇的润泽功效。一项最新的研究成果指出,人体的血压会在吸入杉树、柏树的香味之后得到降低,情绪也会得以稳定。同时,行走在山间还有助于提高心肺功能,比如可以改善肺部的通气量,增加肺活量,增强心脏的收缩力等。所以,如果你觉得工作让你感到疲惫不堪了,不妨利用周末的时间,让疲惫的身心投入大自然的怀抱里。

不管是游山还是玩水,我们都会被一种放松后的轻松愉快包围。而且,置身在大自然无与伦比的美景中,更能够让人返璞归真,抛开一切烦恼,心情舒畅,胸怀开阔,感受生活和生命的无限美好。

如果你选择登山,站在山脚下,仰望雄伟的高山,你会突然发现原来自己是那样渺小,于是从心底油然而生一股谦恭之情。而当你爬上山顶,站在山巅之上时,又会产生"一览众山小"的兴奋,明白时间会冲淡生活中的一切不顺心。

如果你选择踏入绿树成荫的山林，被一片葱葱绿绿包围，便会觉得好像一下子与生活中的一切隔绝了，只剩下你自己，自由地思考与感受。山林中也会有一股专属于你自己的独特味道，它可以有效地抑制精神焦躁，调理机体功能，让你感到神采奕奕，疲劳顿消。

如果你选择去拥抱大海，可以感受到它的宽广与辽阔，而且似乎有一种神奇的魔力，打开你的心扉，让你不再为眼前鸡毛蒜皮的小事耿耿于怀。所谓"海纳百川，有容乃大"，大海教会我们包容一切，并让我们懂得如何沉淀不良情绪。

不"瞎忙"的活法

很多人一定已经迫不及待地想要走进大自然了，究竟如何才能做到既不影响正常工作又可以拥抱大自然呢？

1. 采取就近原则，就近观景。与大自然亲密接触，并不意味着一定要到某个很远的名胜古迹去，只要附近有好的景色都可以去欣赏。

2. 分配好自己的时间，留下充足的心情与双休时间外出游玩。千万不要身在曹营心在汉，工作的时候想着游玩，游戏于山林湖海之间却心念工作。

3. 可以独自一人前往，也可以约上三五好友或者全家总动员一同前往。

4. 当被工作压得喘不过气来，停滞不前时，利用周末或者请个小假，投身于大自然的怀抱之中，放松心情，也许解决问题的办法就会在不经意间出现。

5. 如果实在没有充足的时间，也无法从繁忙的工作中脱身而出，那么就逛逛城市里的公园吧，它也是充斥着钢筋混凝土的都市中一道特别的风景线。

休息，是为了更好地前行

有时你应该问一下自己：我多长时间没有和家人好好相聚了？我喜欢做的事情是不是一点点被工作蚕食了？我最后一次和朋友联系是什么时间？想想这些问题，你也许会大吃一惊——你的私人时间一点点被压缩了，甚至没有了。确实，现代人生活压力太大，"累"是一种集体感受，要面对就业、工作、房子、孩子、父母等一系列问题，所以你没有时间休息，只能无奈地说"我不要私人时间"。

这样的最终后果就是身心俱疲，出现了失眠、焦虑等，身体处于亚健康状态。身心俱疲时，情绪自然会进入低谷，心中积攒了太多的负能量，生活何谈幸福呢？这时，你迫切需要休息一下。休息不是为了放弃，而是为了更好地工作。一张一弛，文武之道，只有保持清醒的状态，你才能更好地投入工作。

露露是北京忙忙碌碌上班族中的一员，和大部分人一样，每天六点被闹钟叫醒，挤地铁上班，每晚七点还和同事一起齐刷刷地稳坐在位置上加班，很多时候在公司吃完晚饭然后乘车回家。公司经历了一次人事大调整，露露努力提高业绩，勉强保住了自己的位置，但是生病不敢请假，上班不敢迟到，每天打着百分百的精神去应付工作。虽然赢得了上司的信任，但是她没有时间逛街，没有时间聚餐，晚上入睡很难，每天昏昏沉沉，处于崩溃的边缘。后来她专门去找心理咨询师。心理咨询师建议她休息一段时间。于是露露下定决心,找经理说明情况,决定来一次"说走就走的旅行",没想到竟然得到经理的支持。后来她休了一个星期的年假,独自背着包去了西藏,"逃离"让她夜夜失眠的工作。

她从西藏回来之后,状态一下子好了很多,失眠的情况也有所缓解。工作的时候能够精力集中,效率也大大地提高了。以前她总爱拖延工作,现在她甚至能把未来几天的工作都计划得很细,而且每次的工作例会上她都积极踊跃发言。没过半年,她就被提拔为了主管。

你可以计算一下,假设一个人能活到60岁,1到20岁不谈论生命的价值,剩下40年的时间供我们支配,除了每天8个小时睡眠和每天8个小时的工作时间,剩下供你自由支配的时间更少了。如果这点儿私人时间还一味地给工作让位,那人生还有什么乐趣可言?

40岁的陈先生是一家图书公司的总策划,工作做得有声有色,深受业界好评。但是,随着年龄的增长,他越来越感觉到自己的创新能力下降了。而且新人不断加入,他也逐渐意识到自己落伍了。在这种情况下要做好这份工作,让他感到压力很大,每天都觉得身心俱疲。

经过一段时间的深思熟虑,陈先生决定辞职,休息一段时间,好好考虑一下接下来的路该怎么走。在休息的这段时间里,他一边锻炼身体,一边和很久不见的朋友、同学相聚,读了很多自己原来没有时间读的书。经过调整,陈先生的身体、精神都好了很多。更重要的是,在这段时间里,他积累了人脉,为他继续出发奠定了良好的基础。一年后,他联合几个同学创办了自己的图书策划公司,完成从策划到管理的华丽转身。

试想一下,陈先生如果一直按照原来的状态工作下去,不休息,不调整,也许会慢慢变得力不从心,甚至有可能被新人取代。但是他通过暂停和重启,让自己的事业"柳暗花明又一村"。

如果你觉得真的很累,力不从心,就不要勉强自己,适当休息一下,放松一下心情,调整一下自己的状态,为迎接下一个挑战做足准备。

1. 状态不佳时,给自己摁下"暂停键"

私人时间被挤占会让你陷入焦虑的状态。心情不佳,状态也不好,不如先停下手头的工作,给自己一些时间来休整。你可以利用这段时间做一些原来你想做但是没时间做的事情,比如看书、摄影、画画,消解消极的情绪,整理好心情。这样你就能信心倍增,挑战新工作。

2. 关注自己的身心

多关注自己的身心健康,关注情绪的小信号,发现焦虑、暴躁等情绪如影随形时,就意味着你应该休息了。在休息中找找方向,倾听内心的声音,想一下自己追求的东西是不是值得拿健康来换取。这种思考可以帮助你调节好身心,以最佳状态再次出发。

3. 选择适合自己的休息方式

休息的方式有很多种,你可以根据自己的时间和爱好去选择。读书可以,旅行也可以,钓鱼也不错。只要能让你释放心中压抑许久的情绪,愉悦身心,缓解压力,让你静下来思考人生,那么这种方式就是可取的。在休息的时候最好让手机处于关机状态,也不要上网关注行业信息,尽情地过一段时间的"慢生活",心安理得地把时间"浪费"在散步、吃饭等这些你曾经以为无关紧要的事情上。

不"瞎忙"的活法

汽车需要保养，人也需要休息。为了各种目标不断压缩自己的私人时间，会让你身心俱疲。要知道，休息是为了更好地工作，如果你怕被超越不肯休息，就会整天抑郁焦虑，影响到身心健康，工作效率自然也不会提高。给自己一定的休息时间，换种心情，为心灵放个假，这样你才能拥有更好的状态，开始崭新的生活。

劳逸结合,以防"忙癌"有机可乘

我们强调放松,强调劳逸结合的重要性,因为一个人只有在头脑清醒的状态下,做事才有效率,否则脑袋昏昏沉沉,就算花再多的时间,也不能收到良好的效果。所以,保持清醒的精神状态对于提高工作效率十分重要。

有个名叫大壮的伐木工人在某林场找到一份砍伐树木的工作,因为老板给的待遇很好,薪水也很不错,所以,大壮非常珍惜这份工作,下定决心好好地做。

第一天,大壮拿着老板交给他的那把锋利斧头,按照老板划定的范围开始砍伐树木。大壮果然不负所托,一天下来,砍伐了20棵大树,老板对此非常满意,赞赏地拍着大壮的肩膀说:"你的工作效率很不错,我对你很满意,希望你继续保持!"

大壮听到老板对自己的称赞,感到很开心。第二天一早,他就开始更加卖力地伐木,只是不知道什么原因,一天下来,大壮才砍伐了15棵大树。

第三天,大壮为了完成一天砍伐20棵大树的标准,更加卖力地砍伐大树。然而,这一天他费尽全力竟然才砍伐了10棵大树。

大壮对此感到愧疚极了,于是,他神情沮丧地跑到老板办公室道歉道:"老板,我真是愧对你,我也想不明白究竟是怎么一回事,每天砍伐的大树越来越少了。"

老板温和地看着他,说:"大壮,我想知道你上次磨斧头是什么时候?"

大壮闻言，看着老板答道："哎呀，我只知道要全心全意地去砍树，都忘记磨斧头了！"

实际上，正像这个案例中的大壮一样，当砍伐大树越来越吃力，工作效率越来越差的时候，就需要花时间打磨自己的斧头了。正所谓"磨刀不误砍柴工"，说的正是这个道理。

紧张的生活节奏、忙碌的工作步调，不应是生活自始至终的旋律。不如偶尔来点休闲运动，让身心均衡一下。人的一生如果都被工作、忙碌占了去，还有什么乐趣而言？给自己留点时间放松一下，生活才会多姿多彩。

二战时期，丘吉尔会见了蒙哥马利。闲谈时，蒙哥马利说："我每天晚上十点钟准时睡觉，也不喝酒抽烟，所以我百分之百的健康。"

丘吉尔却说："我正好和你相反，我从来不准时睡觉，喝酒抽烟也一样不落，但我却是百分之二百的健康。"

你一定认为丘吉尔在开玩笑，他身负重任，又是工作最为紧张的政治家，生活还没有规律，怎么可能百分之二百的健康呢？其实，丘吉尔健康的秘诀在于他不间断的锻炼和轻松的心情。即使是战事最吃紧的时候，丘吉尔也坚持游泳；选举演讲完，刚一下台他就去画画……

紧张的工作环境会给人们的心理造成很大的压力。所以，在竞争十分激烈的今天，当我们全力以赴面对各种各样的挑战时，首先要保持一个宽松的心境，学会忙里偷闲。一来，平衡自己的身心；二来，给自己一段思考的时间，想一想自己的前进方向是否正确，不至于盲目瞎忙。

生活本就不易，行走在人生路上，踏着和谐的音符前进，把忙与闲有机结合起来，快快乐乐地工作、学习和生活。如果分不清轻重缓急，顾此失彼，本末倒置，那么你将无法过好这一生。

不"瞎忙"的活法

虽说现代社会节奏越来越快,当我们忙忙碌碌,事情堆积如山的时候,也要懂得忙里偷闲、劳逸结合,哪怕到公园里散会儿步,或者聆听一些清雅的音乐,都能让我们紧张的情绪得到放松。如此一来,我们再去工作的时候,就不会感到过于疲惫了。

不要让过去的忧虑影响人生的后半段

我们每天工作繁忙，需要面对和解决的问题很多，因此很容易出现忧虑的情况。对于初入职场的年轻人来说，忧虑就像"心灵的感冒"一样，如果没有及时调节好，就会影响身心健康，让工作和生活变得一团糟。

美国成功学之父卡耐基曾经说过："让忧虑到此为止，你的心灵才能得到释放。"的确，生活中很多令人忧虑的事情多数都是自寻烦恼。如果能够调节好自己的心态，将该拿起的拿起，将该放下的放下，用这样的心态来追求成功，可能就更加轻松愉悦了。

艾伯特年轻的时候，经常会对朋友说："人生值得忧虑的事情太多了，一般的忧虑我都可以承受，可是却不能没有眼睛，如果我的眼睛看不到了，那么一切都完了。"

可是，到了60岁的时候，艾伯特的视力明显减退，一只眼睛什么也看不到了，另一只眼睛看事物也模糊一片。他最害怕的事情终于发生了，朋友们都以为他会因此痛不欲生。

可现实的情况却是，艾伯特并没有特别忧虑，他的生活和之前也没有太大的变化。所有人都感到不解。艾伯特说："我原以为丧失视力将是人生中最可怕的事情，可是当它发生在我的身上时，我却觉得'不过如此'，就算我的嗅觉、听觉甚至触觉都消失了，我也依然能够继续生活下去的。"

艾伯特依然每天活得很开心，已经彻底失明的双眼偶尔能够"看"到一些黑斑。每次，他总是调皮地说："哟，怎么又是黑斑老爷爷，您怎么又从我眼前飘过了。"为了恢复视力，艾伯特一年中至少要做12次手术，这无疑是一件极其痛苦的事情。可是他知道自己不能拒绝，也不能忧虑，只能去接受这样的现实，并且努力让自己快乐。

艾伯特拒绝住进单人病房，他选择和其他病人住在一起，因为这样能够让他感觉不孤独，而且还可以努力让大家开心。在手术室里，他总是开导自己："我是多么幸运啊！还能够接受手术治疗，很多人想做手术还没钱、没机会呢……现在科技如此发达，说不定就能够治好我的眼睛呢？"

一般人在经过无数次手术之后，如果依然过着暗无天日的生活，恐怕心里早就崩溃了。可是艾伯特的经历让我们知道，一个人可以承受很大的不幸，而真正值得我们去忧虑的事情其实并没有多少。学会接受，让忧虑到此为止，这才是成功之路上必须跨越的一道关口。

很显然，能够让你感觉到忧虑的并不是事物本身，而是你对于事物的反应。现在就仔细想想吧！那些你觉得无法承受的不幸和悲剧，真的值得你那样忧虑吗？其实你只要懂得发掘自身的潜能，懂得去寻找希望，你完全能够战胜一切你以为自己无法战胜的东西，比如不良情绪。

每个人都有自己内心害怕的东西，而这种害怕很多时候只是自己吓自己。无论遇到怎样的困境，忧虑都毫无用处，还不如勇敢去面对，去想办法解决。这才是我们应该做的事情。

如果我们总是让自己处于忧虑的状态中，就等于给自己设了一个牢笼，想突破它显得十分困难。只有学会放下，让忧虑"到此为止"，你才能走出忧虑的牢笼。

富兰克林因为小时候的一件事情，整整"忧虑"了70年之久，一直无法忘记。

第六章
能取能舍，不做"瞎忙族"

原来，在他7岁的时候，他曾经兴冲冲地跑进一家玩具店，用自己所有的零花钱买了一只口哨。由于非常喜欢，他没有问具体的价格。

当他吹着口哨一路蹦蹦跳跳回到家里时，却被坐在沙发上的哥哥姐姐们嘲笑了一番。因为那只口哨根本不值那么多钱，他付出的价格至少高出了好几倍。

富兰克林因此忧虑了很久，那时候他还不懂得把这种忧虑限定在"到此为止"，所以一直对此事念念不忘。之后很长一段时间里，他甚至不敢再独自去买东西。

后来富兰克林回忆说："直到长大以后，我才发现别人也有类似的行为，就是买口哨所花费的金钱太高了。如果换一种说法，把口哨变成忧虑，我相信很多人产生忧虑都是由于他们对于事物做出了错误的估计，很多时候都为忧虑付出了过高的代价，而不知道把那些忧虑限定在'到此为止'的限度。"

关于这一点，林肯就做得很好。

在美国南北战争时期，由于政治上的各种原因，林肯的几位朋友对林肯的"政治敌人"发起了猛烈抨击，林肯却心平气和地说："谢谢你们愿意为了我做出这样的事情，但是我对于个人恩怨的感觉十分迟钝，因为我觉得实在不应该把时间浪费在相互争吵和相互抨击上。只要那些人不再对我进行攻击，我想我会马上忘记他们所说的每一句话。让一切都到此为止吧！"

不"瞎忙"的活法

让忧虑"到此为止"的确是一种豁达的智慧,这样既释放了别人,也释放了自己。如果你现在还无法放下,无法"到此为止",那么就在心里问自己三个问题:

1. 我现在忧虑的事情和自己有什么关联?
2. 这件让我忧虑的事情最快什么时候能够"到此为止"?
3. 我的忧虑是否超过了它本身的价值?

如果能够认真准确地回答这三个问题,那么忧虑也会离你而去了。

第七章

善假于物,让你事半功倍

古往今来,凡成大事者,都需要"借力"。当然,人人都尊重那些自食其力的人,可是,如果你在做事的时候懂得借助他人的力量,就会事半功倍,无往而不胜了。其实,"借力"不仅适用于个人,也适用于一个国家、一个民族。只有善于"借力",才能使自身获得长足的发展。所以,让别人帮你干,拒绝做累死的骆驼。

凡事自己来，注定忙到死

"凡事自己来"说明不了一个人行事态度认真，相反，这种亲力亲为的做事风格有时候还被认定为是愚笨的"死脑筋"思维。时间就是金钱和生命，尽管独立完成事情会带来更深的成就感，但是"凡事自己来"利用的只是个人有限的能力和才智，付出的是双倍甚至更多的时间和精力，而且需要独担风险和压力。所以，成功人士往往会避免"凡事自己来"。

微软公司的首席执行官——史蒂夫·鲍尔默曾说："有人告诉我他一周工作90小时，我对他说，你完全错了，写下20项每周至少让你忙碌90小时的工作，仔细审视后，你将会发现其中至少有10项工作是没有意义的，或是可以请人代劳的。"

很显然，"凡事自己来"对于领导者来说也不是一个好习惯，这多少可以证明他们刚愎自用，不具备领导者知人善用的管理才能，不能充分信任下属和施展下属的能力。

可能很多人在单位听到老板说："你们做的事我一不经手就出错。"在这样的老板看来，这正是引以为傲、体现自我价值的地方，事实上，这种后果往往是老板自己造成的。因为一个习惯事事亲力亲为的老板，怎么可能培养出完全独立的下属呢？无法独立的下属在事必躬亲的老板不在场的情况下，出错的机会自然就大了。而且一般说来，稍微有志向的职员不会安于长久地待在名不见经传的小公司里，他们多数也不会欢迎一个总是握权不放的老板。当然，一个凡事都要自己来的老板也很难使员工心甘愿地追随他，也很难让有创意、有胆识的人常伴左右。因此，想要成为一个好的领导者，需要时刻警惕"凡事自己来"。

对于微软经理，史蒂夫·鲍尔默曾给出这样的忠告："不要什么事都做。你的任务是计划、组织、控制、指挥。"李开复对史蒂夫·鲍尔默的授权艺术深有感触，他评价道："史蒂夫·鲍尔默是近年来对我影响最深的人。几年前的鲍尔默就像个果断的老板，凡事喜欢一手抓，而且总是在最前台鼓舞士气。做了首席执行官后，他放权给公司7大部门的负责人，不再做每件大事的最后决定人，从而加快了7大部门负责人的成长。他也不再做一个最有煽动力的啦啦队队员，而是一个幕后的教练。他把自己对竞争对手的研究转换成对人才的研究。鲍尔默的行为对我很有启发。在我对任何要求回答'我做不到'之前，我总会想到鲍尔默可以做到，我为什么不试试？他这个榜样帮助了我的成长。"

"凡事自己来"是不可取的，这不单单是针对领导者说的，对于普通人来讲亦是如此。单靠个人的努力，在漫长坎坷的成功路途上颠簸行进是极其困难的，反之，学会与人协作，懂得借力做事，才可能尽快到达成功的彼岸。尤其是处于创业时期，一个人的力量在强大、残酷的现实面前总是渺小的，要想同时拥有技术、资金、管理才能，并有好的项目几乎是不可能的，所以，一定要懂得并善于与他人合作。

韩国人尚学录给创业者们树立了一个很好的学习榜样。作为一家日本企业的业务员，他有企划的能力，却没有什么学历和资金。一天，他在从西德寄来的商品目录中无意看到了新开发上市的羊毛纺织机器。凭直觉，他认为这是一个天赐良机，于是立即对日本的羊毛纺织机器进行了详细调查。在了解到应用这种新机器后生产效益可成倍增长，并且生产成本大约可降低三分之二后，尚学录带着这项新产品的目录和自己对经营纺织工厂的构想，找到了在日本的韩裔富翁林伯熊先生。在林伯熊的支持下，尚学录从西德进口了四部机器，从此之后，他从一名默默无闻的业务员变成了纺织厂的经理。在通往成功的路上，尚学录找到的捷径就是借助他人的力量，实现自己的创业梦想。

　　像尚学录这样，与人搭档创业成功的例子还有很多。比尔·盖茨从哈佛退学之后，选择了与同伴保罗·艾伦创办公司，直到后来创办了微软公司，自任董事长、总裁兼首席执行官。杨致远和戴维·费罗因同在斯坦福大学从事研究而邂逅，而后两人成为最佳搭档，共同创办了闻名于世的雅虎网络公司。苹果电脑的出世也是乔布斯与人合作创造出的。创业中，两人甚至几人合伙搭档，共创大业已经成为一种主流趋势。创业之初，有个患难之友与你一起共同分享成功或承担风险，实在是一种明智的选择。

　　与考入大学需要的仅是达到固定的分数不同，一个人要想在社会上站稳脚跟并取得一定的成就靠的是真才实干，是善于协商与合作的精神与能力。这种能力越来越成为个人生存、发展的最基本的要求。

　　团结合作作为个人和集体成功的基石，弥补了个人力量的不足，使个人在集体中得到发展，并壮大集体的力量。俗话说"众人拾柴火焰高"，就是告诉我们：要抛弃"凡事自己来"的想法，学会"与人合作"方可实现多赢的目的。

　　许多人在工作中遭受挫折，很大一部分原因就是他们不懂得与人合作，总是争强好胜，凡事都想自己来。尤其是那些认为自己很有才华的人，总是在想：噢，不！这个人没什么能力，我不想与他合作，这件事我自己一个人就可以处理好。

　　彩虹因为由7种颜色组成而美丽，世界因为由形形色色的人组成而丰富。个人具有社会属性，只有学会与不同的人相处，才能适应环境。尤其是我们当下的社会，呈现专业分工精细而又合作共处的特征，完全靠单枪匹马绝不可能稳操胜券。社会上的成功人士往往是因其善于合作而取得竞争优势。反之，一个孤芳自赏的人则会产生"怀才不遇"的郁闷，成为"孤家寡人"。因而，为自己的人生未来考虑，我们必须注意培养自己与他人协商与合作的能力。

正如一滴水要想不枯竭，只有融入大海一样，一个人想要发挥自己最大的价值，唯有融入团队、融入集体。孤军奋战的结果往往是你耗尽了精力和时间，最后还一事无成。一个人的能力是有限的，众人团结起来的力量无穷无尽，所以，要时刻牢记：单打独斗不如抱团取胜。

不"瞎忙"的活法

与人合作是一门艺术，处理得好能够实现多赢，处理不好就会产生相反的后果。要想与人建立良好的合作关系，要遵循以下原则：

1. 选好合作伙伴。合作伙伴一定要是那些品行端正、操守高洁、业务素质高的人。

2. 用真诚待人。合作双方最忌讳的就是互相猜疑。既然是合作伙伴，就要团结一致，一致对外，以诚相待，相互尊重。

3. 利益均享。本着公平、公正的原则，一开始就要起草好合作协议条款，把各方的利益、责任清清楚楚、明明白白写下来，共同遵守。

4. 求同存异。在合作的过程中，难免会出现分歧，意见不统一的时候需要各方胸怀大度一点儿，求同存异。既然为了共同的目标走到一起，就说明大家有缘分，要珍惜，互相体谅一点儿就过去了。否则，不仅会使现在的努力白费，当初的目标也会还没有实现就"胎死腹中"。

不做"独行侠",团队配合力量大

你属于自己,不等于特立独行,要懂得并学会与他人合作,否则很难在现代社会立足。"单打独斗"的时代已经一去不复返了。

秦汉之际,西楚霸王项羽与刘邦二人推翻秦王朝后,开始争夺天下。当时,项羽因"力能举鼎""以一当十"的勇气与魄力闻名天下,再加上他打仗几乎百战百胜,当时他的势力范围远非刘邦可比。然而,项羽为人刚愎自用、唯我独尊,因此失去了很多人才。与此同时,刘邦的势力却日益壮大了起来。最终,项羽被围困乌江岸边,落得个自刎的悲惨结局。恐怕他至死也不明白:刘邦为何能够战胜自己?所以,项羽临死前向天呐喊:"此天之亡我,非战之罪也。"

反观刘邦,论才能,他比不上善用计谋的张良,也比不上治国安邦的萧何,更比不上"常胜将军"韩信,那么,刘邦为何获得了最后的胜利呢?

项羽的失败在于,尽管他武功盖世,但是太过于逞"匹夫之勇",总以为所有的功劳都是自己创造的,不需要倚仗其他人,所以即便打胜仗,他也很少奖励将士们。而刘邦之所以获胜,正是因为他善于借助众人的力量,让有才能的人为自己做事,同时也会论功行赏,团结将士们。

当自己总是单打独斗的时候,好像做什么事情都没有那么顺利,有时候还会碰壁;可是,当自己成为一个团队中的一分子后,仿佛遇到困难就会有人帮忙,反而不容易受挫。其实,我们之所以会受挫,往往是因为我们太过自负。或许你认为自己天赋异禀或工作能力很强,可是,要想一个

第七章
善假于物，让你事半功倍

人建起一栋摩天大楼，这是不可能办到的事情。

1994年4月5日下午，一个来自德国的经销商向海尔紧急订购了一批货物，要求海尔两天内必须发货，否则，他们便会将这份订单作废。

要想在两天内完成发货，就表示海尔集团马上就要将该经销商订购的货物全部打包好运到船上。一般来说，我国的海关或商检部门下午5点就会下班，可是，当时已经是星期五下午2点多了，距离他们下班只剩下不到3个小时了。倘若按照原有的程序办事，那么这份订单很可能面临放弃的结果。

在这紧急时刻，海尔集团爆发了强烈的团队合作精神，他们几乎全部行动起来，其中包括调货部门、订购船票，等等，所有人都抓紧时间在各个环节做好自己负责的工作。

直到货船最终驶离海岸时，海尔集团的所有员工才拍手称贺，彼此脸上都洋溢着笑容。

据说，当这位德国的经销商在那天下午5点30分时收到海尔已经发货的消息后，简直不敢相信，也非常佩服海尔员工办事的高效率。后来，这个经销商甚至打破自己十几年的处世风格，给海尔集团写了一封洋洋洒洒的感谢信。

当所有的人为了一个共同的目标，对一件事达成了共识的时候，再去努力就会事半功倍，往往这个时候团队的力量也会发挥到极致。

一年一度的招聘工作又开始了。这是一家世界著名的图书出版发行公司，今年该公司需要招聘三名部门主管，报名投简历者数不胜数。应聘过程也相当严格，需要经过几轮全面而细致的面试与笔试。在倒数第二轮的考试后，只剩下12名应聘者。这12名应聘者个个有着渊博的学识与出色的能力，他们闯过重重难关，终于进入了最后的面试阶段。这一轮的面试由总裁亲自主持，并由总裁做出最后定夺。

紧张的面试开始了。总裁助理拿着12个文件夹，跟随总裁来到会议室。12名面试者做过自我介绍之后，总裁首先恭喜他们能进入面试环节，随后把面试的规则告诉他们：

首先，根据自己的意愿自由分组，每组3个人。

其次，分好组后，每个人都会拿到一份材料，各小组根据材料做一份策划方案，过程中可以运用所有能用到的方法，但必须得在1个小时之内完成。

最后，面试环节结束，有9个人会被淘汰，剩下的3个人会被录用，成为公司的员工。

宣布完规则，12名面试者按照要求很快分成了4个小组。接着，总裁助理把手中的材料分发到每个人的手中，各小组成员开始准备……1个小时之后，总裁收到了各小组的策划案，仔细阅读之后，他向其中的一个小组宣布："恭喜你们，你们3个人被录用了！"

其他小组的各成员很是不解。面对大家的困惑，总裁给出了自己的理由："大家可以再仔细看看你们每个人手中的材料，然后与你们小组其他人的材料对比一下，这样你会发现，你们小组中每个人的材料都是不全面的，而只有合起来才能有个全面而清晰的理解，这就需要各小组成员合作，互相借用对方的材料，补全自己的分析报告。我所录用的这组成员，他们的分析报告正是这样完成的。而另外三组的成员却各自为政，分别行事，忽视了其他队友的存在，结果形成的策划方案尽管有的也不失合理性，却不能全面反映其中的问题。"

最后，总裁用一句话总结说："无论做什么事情，仅仅靠一个人的优秀是远远不够的，仅仅依靠单打独斗也是难成气候的，要高效、出色地完成工作就必须具有合作精神!"

不"瞎忙"的活法

任何单打独斗的人都成不了真正的英雄。

想象一下这样的情景:几匹势均力敌的马朝各自喜欢的方向拉扯马车,结果是什么?虽然每匹马都费了九牛二虎之力,但是马车绝对不会朝着既定的方向移动。

再想象一下这样的情景:几匹身强力壮的马在一名颇有经验的赶马人的指挥下,朝着一个方向使劲儿,结果是什么?每匹马虽然看似费力不多,却能驾着马车跑得飞快。

萧伯纳曾经这么说:你有一个苹果,我有一个苹果,我们交换一下,一人还是一个苹果;你有一种思想,我有一种思想,我们交换一下,一人就同时有了两种思想。我们把这句话稍微改变一下也照样精彩:你贡献一份力量,我贡献一份力量,我们合在一起,就会产生 $1+1>2$ 的力量。

借力发力,巧借东风抢"风口"

唐代文学家、诗人刘禹锡在《陋室铭》一文中写道:"山不在高,有仙则名。水不在深,有龙则灵。斯是陋室,惟吾德馨。"大概意思就是说山、水、原本都没什么吸引人的地方,可是因为有神仙、神龙就有了名气。这是个简陋的房子,但因为居住在其中的人品德高尚,也就感觉不到简陋了。其实,纵观古今中外,哪怕一个再寻常的人,只要善于借助外物的力量,一定能够创造出属于自己的精彩人生。

1980年,美国举行总统竞选,当时呼声最高的是共和党候选人里根与民主党候选人卡特,因为这两个人的实力不分上下,致使美国总统的竞争也变得更加激烈。

美国正在当政的总统是卡特,只是他执政期间没有做出什么突出的业绩,再加上当时美国愈演愈烈的通货膨胀,许多美国民众不是下岗就是失业,以至于民众对其极为不满,到处充斥着埋怨声。里根凭借卡特的这些不足之处,大力宣传只要自己当上美国总统,就会想尽一切办法消除"卡特大萧条"。

当然,卡特也不甘示弱,当时人们除了关心国家经济,对战争与和平问题也极为关注,于是卡特就利用这一点,说里根宣传的增加国防的主张是想挑起美国与其他国家的战争。

就这样,两人较量了许多回合,也没有分出胜负。

当时,美国民众深受广播、电视以及报纸等媒体的影响,如果里根和卡特两个人谁在媒体上的形象更好、更高大，就很容易得到美国民众的支持，在一定程度上也能左右他们两个人选票的结果。因此，美国总统的选举活动，表面上看起来是选民为了选择未来的美国总统制定的政策纲领，实际上是选民对总统候选人智慧、风度等的综合评分。相比之下，当时的里根更受选民的欢迎。

在里根成为共和党唯一的总统候选人后，据说早些年由他出演的某部电影瞬间成了热门。一时间，整个美国的各大影剧院与电视台轮番上映，刮起了"里根影视热"的旋风。美国民众从电影中看到，当年的里根外表英俊，做事精明干练，如今他的行事做派丝毫不减当年，于是，人们对他的印象无疑更好了。

当"里根影视热"风靡全美的时候，里根还借助电视媒体大力展现其个人风采。有一次里根与卡特在电视上进行辩论，里根看起来非常自信，辩论不仅有理有据，还幽默风趣。与之相反，卡特表现得有些怯懦，而且形象呆板，说话也磕磕巴巴、语无伦次。因此，这次电视辩论结束后，里根的支持率迅猛上升，据统计，里根获得了489张选票，而卡特只获得了49张。就这样，里根以压倒性的优势战胜了前任总统卡特，顺利担任美国的第40任总统。

卡特的失败就是因为没有外力可借，而里根却懂得借助卡特的差强人意及自己在影片中塑造的美好形象，进而打败卡特，获取最后的胜利。

浩浩荡荡的历史大潮不断奔涌，淘尽了无数英雄豪杰，借物以成大事的佳话数不胜数。孔明若不曾借助东风，就不能取得赤壁之战的胜利；曹冲不借水的浮力，又怎能称出千斤重的大象。可见，如果能巧妙地借助外物的力量，能够帮助我们更快地达到目标，起到事半功倍的效果。

不"瞎忙"的活法

鲲鹏借助风的力量才能升上高空,到达南海;候鸟借助气流才不至于迷失方向,所以,我们也应借外物而助己一臂之力,马到成功。

当今社会,竞争如此激烈,我们更应学会善假于物,这样才能百尺竿头,更进一步,让自己脱颖而出。但是要注意一点,善假于物不是过分地依赖外物,而是在提高自身能力和素质的基础上,借助外物的力量,补己之短,以使自己有所作为。

第七章
善假于物，让你事半功倍

协作，才是最得意的选择

俗话说："一个篱笆三个桩，一个好汉三个帮。"意思就是，一个人的精力和能力毕竟有限，要想成为老板所倚重的员工就必须具备团队合作精神。无论是在工作中还是生活中，不懂团队协作是大忌。

那么什么是团队合作精神呢？我们举一个例子来说明。

某部门的小刘不但头脑灵活，观察力也很敏锐，被领导提拔成了经理。在小刘当上部门经理以前，很善于掌握基层员工提供的情况，使得他能够很顺利地推行自己的决策。但是，当他成了部门经理后，地位高了，就开始变得疑神疑鬼，不信任任何人，大小事都自己决定，还动不动就呵斥下属，部门的人也渐渐不再对他"进献妙计"，纷纷敬而远之。开会协调工作的时候，常常是刘经理一个人在演讲，大小事他全都一手包办。不管什么事情，他都不会因为员工的建议而稍加改变。所以当刘经理提出自己的工作方案征询大家的意见时，大家觉得说了也没用，于是都"闭口不言"。见大家都沉默不语，刘经理就用点名的方式，然而也没有什么用，被点到的人说："刘经理的想法不错，我赞同。"嘴上这么说，心里却难以认同。由于大家都没有说真心话，结果部门经理的想法、计划、决定一经推出就遇到各种各样的问题和困难。日复一日，这个部门的工作情况逐渐恶化，最后刘经理不得不"退役"。因为部门的工作一团糟，领导也早已有心做一番整顿。

刘经理正是犯了不懂团队协作的大忌,才最终失去了部门经理的位置。从这件事情上我们可以看出,哪怕个人能力再强,要是不懂团队协作,也不可能干好自己的工作。

先秦时期,越国有两位官员,分别叫甲父史、公石师,据说他们各有所长。甲父史善于出谋划策,但是,他在处事上却优柔寡断。公石师相反,他做事的时候喜欢当机立断,可是他缺乏计谋,常常因粗心大意而犯错误。所幸他们二人私交甚笃,总是一起做官处事,懂得相互补充,相互促进,因此,他们为越国做了不少实事。

突然有一天,他们二人因为某事大动干戈,致使友谊破裂。自那以后,两个人开始针锋相对,分别做事,结果做了许多错事。

有一个越国人听说此事后深感惋惜,这个人就是密须奋。据有关史料记载,密须奋流着泪劝慰他们二人说:"你们是否听说过大海中的水母?据说水母天生没有双眼,所以,它们需要依赖弱势群体海虾带路觅食,而海虾也可以分享水母找到的食物。海虾与水母相互依存,谁也离不开谁。你们又是否听说过生长在西域的两头鸟?因为这种鸟的身上长着两颗脑袋,总是喜欢争夺'主权'。它的某个头睡着后,另外一个头会向那个头的嘴里放毒草,最终的结果就是两败俱伤,都死掉了。水母和虾因为合作才能一起分享食物,两头鸟因为争夺身体'主权'而命丧黄泉——你们二人之前合作,办成了不少大事,如今单独行事却屡屡受挫,为什么不重归于好呢?"

甲父史和公石师听完密须奋的这番话后,羞愧不已,最终摒弃前嫌,重归旧好。

记住,协助同事完成工作,就是协助你自己。

有个人来到上帝面前,请求看看天堂和地狱到底有什么区别。上帝答应了他的请求。那个人在上帝的带领下来到了阴森恐怖的地狱。进入地狱之门,他看见一群人安安静静地围着一大锅肉汤,但是他们每个人都瘦骨嶙峋,看起来营养不良,面容憔悴。他们每个人都有一只可以够到锅的汤匙,但汤匙的柄比他们的手臂要长得多,以至于他们无法将肉汤送到自己的嘴里,每个人的表情都显得那么绝望。

之后,上帝又把这个人领到天堂,这里的一切和地狱基本上没有什么不同,场景也和地狱里的一样:一群人围着一锅肉汤,手里握着一只长柄汤匙。不同的是,这里所有的人精神焕发,大家都在快乐地唱着歌。

"为什么会这样?"这个人不解地问,"为什么同样的待遇与条件,天堂里的人是如此的快乐,地狱里的人却那么的悲惨?"

上帝微笑着说:"其实很简单,天堂里的人会用自己的汤匙舀肉汤喂给别人,但地狱里的人不会这样做。"

从本质上来说,人类是群居动物,协作才能改善我们的生活,让世界更美好。

不"瞎忙"的活法

一念天堂,一念地狱,就看你有没有协作的精神来改写自己的命运。协作并不是简单地凑在一起,而是集中众人之力,有机整合,以有限的人力、物力,取得最好的效果。

分出权力，做运筹帷幄的现代诸葛亮

不懂得授权，就只能干到死。为了说明授权的重要性，诸葛亮这个历史人物，经常被一些商学院教授拿来当反面教材。

东汉末期，群雄并起，各方诸侯混战。刘备三顾茅庐，诚邀诸葛亮出山。诸葛亮深受感动，决心辅佐刘备成就霸业。在辅佐刘备期间，足智多谋的诸葛亮赢得了刘备的信任和众人的敬仰，而敌人则对他畏之如虎。但人非铁打，诸葛亮最终积劳成疾，54岁就在五丈原匆匆告别了人世。在这里，与其说诸葛亮是病死的，不如说是"事必躬亲"累死的。

从某种程度上说，造成诸葛亮悲惨结局的无疑是他自己，怪不得别人。我们不妨从管理学的角度来审视一下这件事：虽然诸葛亮鞠躬尽瘁，死而后已，但由于他不懂授权，最终导致失败。诸葛亮将行政与军事大权揽于一身，从行军打仗到皇帝身边的小事情，他都要亲自过问，特别是刘备去世后更是如此。诸葛亮一身多任，虽有面面俱到之心，却分身乏术。他这样做累垮自己不说，下属的潜能也发挥不了，结果自己的宏愿也变成泡影，最终带着遗憾离开人间。事必躬亲，只会累坏自己。所以，要学会授权，把权力分出去，既能提高效率，也能把事情做得很好。

1982年4月2日，英国占据150年之久的马尔维纳斯群岛被阿根廷夺占，英国首相撒切尔夫人决心再夺回来。英军迅速拟订出了详细的作战计划，很快组织起一支拥有近百艘舰船和两万多人的特遣舰队，刚刚49岁的伍德

第七章
善假于物，让你事半功倍

沃德担任舰队司令。出发前，撒切尔夫人专门召见了他，两人之间进行了一次有趣的谈话。

撒切尔夫人问他："你需要什么？"

"我要权力！"伍德沃德的回答令所有人吃惊。

"什么权力？"

"真正指挥特遣舰队的权力。而且没有人能干涉我，包括您和战时内阁。"

"好，我给你权力！给你除了进攻阿根廷本土的一切权力。"召见就这样结束了。

特遣舰队出发了，伍德沃德将军全力投入对特遣舰队赴阿作战的指挥中。他夜以继日地工作。英国距马岛有一万多公里，横跨大西洋，需要在海上航行几十天，战线之长，在英国的作战史上前所未有。

伍德沃德率领的舰队在海上航行几十天后，快要抵达马岛海域时，他迅速派出一支精干的突击队，抢占了南乔治亚岛。这样，他在浩瀚的大洋中找到了一块立足之地，并以此为基地开始筹划下一步登陆作战计划。

通过侦察，伍德沃德巧妙地避开了阿军主力，把登陆场选在阿军防御力量薄弱的圣·卡洛斯港湾。登陆突击队出发前，他又向陆战队指挥官穆尔将军面授机宜，他们之间也发生了类似撒切尔夫人与伍德沃德将军之间的谈话。穆尔将军直截了当地向伍德沃德提出要"真正指挥突击队的权力"，并且要求任何人不得干涉他在岛上的一切行动。伍德沃德将军十分干脆地答应了。

登陆战斗打响了，由于英军出其不意，攻其不备，登陆一举成功。英军很快占领滩头阵地，继而攻占了圣诺斯，而后兵分两路，夹击斯坦利港。当时由于岛上阿军人数众多而且地形极其复杂，伍德沃德要求穆尔采取稳扎稳打的战术，不要轻易冒进。但是穆尔却发现，阿军根本没有想到有一支不知道从哪个方向来的英国军队会突袭小岛，在一片惊慌失措中几乎到了不堪一击的地步。看到这种情形，穆尔当机立断，决定改变战术，向部队发出"全速进攻"的命令。

在攻击中，穆尔对自己指挥官的命令"有所不受"，他的下属对他的命令也"有所不受"。英国王牌军第五步兵旅旅长威尔逊准备攻打鹅湾，可是当他们经过费兹罗港时，意外地发现这里的阿根廷守军已撤离了。于是威尔逊改变了战略，立刻命令部队迅速登陆，占领了这个极其重要的港口。可以说，各指挥官对君命"有所不受"原则的运用，使英军夺取胜利的时间大大提前。

英国和阿根廷的马岛之战实际上既是两种军事体制的战争，也是两种用权观念的较量。在这场较量中，英国将帅们奉行"将在外，君命有所不受"的原则，自上而下都敢于授权和用权；而阿根廷统帅部高度集权，毫无军事常识的加尔铁里作为法律意义上的阿军最高司令直接掌握着军事决策权，而作为马岛战场的指挥官马里奥·本哈明·梅嫩德斯，似乎比加尔铁里在军事上更加无知，没有加尔铁里的命令，马里奥·本哈明·梅嫩德斯就不知道怎样调遣部队。因此在战争过程中，他的指挥部形同虚设，各军种的部队配合失误连连，使得一场占尽天时、地利、人和的战争以英方的胜利而告终。

英军马岛之战的胜利，从一定意义上说，是"授权"式的"委托式指挥法"的胜利。可见，只有授权于下级，给下属更多的自主权和灵活性，才能取得最后的成功。

不"瞎忙"的活法

如果你是一个有权力的人，那么就不能事必躬亲，懂得适当授权，这样才能忙出效率。

1. 授权后掌握有度

一般在授权前需要选准被授权人，只有找到了合适的人选，才能委之以自己的权力。不仅如此，在授权以后，如果发现被授权人的表现并不是自己预期中的那样，比如说素质差、经常越权等，即使不能做到立即免除被授权人的职务，也应该及时指出他的问题，进行严肃批评，必要时也可以逐渐削弱他的权力，并适当地对所授的权力进行调整，做到能放能收。

2. 适当把握监督环节

在权力授出后，授权人的具体事务就会随之相应减少，但是在这种情况下，授权人更应该密切关注被授权人的工作进展和心态状况等，当发现被授权人工作出现问题时，应该及时提出并帮助他解决，以防被授权人出现官僚主义倾向。需要注意的是，不要对被授权人的工作指手画脚。

3. 授权不能失衡

授权不失衡是授权人成功授权的基本标志，换言之，授权人在自己权力范围内，可以考虑到多个被授权人并且保持各个授权之间权力分布合理，不能有的人权力相对较大，担的责任却少；而有的人权力小，担的责任却多。如果必须对某个被授权人授权较多时，应该考虑该被授权人的工作能力。授权人没有根据、以个人感情判断授权对象，是不可取的。同时，授权人要保证授权是单向的，要从上到下，防止出现逆向。

学会合作让我们更快地接近成功

一个人单打独斗不如和别人抱团取胜。一个人若是没有足够强大的社会关系，即使是能力超强的天才，也难以在社会上站稳脚跟，只有"望梦想而兴叹"的份儿。足够聪明的人懂得巧借他人的力量达到成功，没有他人的帮助，取得的成就会非常有限。一个人在前进的道路上前行得越远就越深知人的重要性，因为，齐心协力之下能实现的事往往更多、更快、更容易。

作为社会的一员，谁也不能总是单独行动，有些事情靠一个人的力量是无法完成的。有些人认为只要自己有足够的精力，凭借一腔热血就没有做不到的事。而实际上，一个人的精力再充沛，也是有限的，永远比不上众人合在一起的力量。正所谓"尺有所短，寸有所长"，每个人都有自己的长处，同时也有自己的不足，这就需要与人合作，用他人之长补己之短。

古时候，有两个十分饥饿的人。幸运的是，他们得到了一位好心长者的救助。长者有一篓鱼和一根鱼竿让他们选择，一个人要了一篓鱼，另一个人要了一根鱼竿。之后他们便分道扬镳了。

得到鱼的人马上支起烤架，烤起了鱼，狼吞虎咽地吃着鲜美的烤鱼，瞬间就吃掉了一半。几天后，鱼被吃光了，他饿死在空空的鱼篓旁。

而另一个选择鱼竿的人，忍着饥饿，拖着疲惫的身体，一步步向海边艰难地迈进。可当他看见海岸的时候，已经饿得浑身没有一点儿力气了，

第七章
善假于物，让你事半功倍

只能带着无尽的遗憾撒手人寰。

又有两个饥饿的人，同样得到了好心长者的救助：一根鱼竿和一篓鱼。但是他们并没有像之前那两个人一样各奔东西，而是商量着合作，先用鱼解决两人的温饱问题，然后他们一起结伴去寻找大海。经过长途跋涉，他们终于来到了海边。从此，两人开始以捕鱼为生，几年后，他们盖起了房子，也各自有了自己的家庭，过上了幸福开心的生活。

这两个故事告诉我们，在面临困境时，无论你的眼光是短浅的还是长远的，依靠自己一个人的力量往往很难摆脱困难。只有合作，产生一种"合力"，才能取长补短，进而帮助你渡过难关，最后获得成功。

有时，人们总在感叹为什么自己的付出没有得到等量的回报。实际上，并不是你的付出不够多，而是你忽略了与别人的合作。合作往往能产生意想不到的结果，而这一点总被人们忽略。

从前，有三个和尚在破庙里相遇。

"这庙为什么荒废了？"其中一个和尚提出了问题。

"必是和尚不诚心，惹怒了菩萨，所以菩萨不灵。"甲和尚说。

"必是和尚不勤劳，不修庙宇，让菩萨如此困顿。"乙和尚说。

"必是和尚对菩萨的敬意不够，所以香客不多。"丙和尚说。

三人争来争去，没有争出个结果，最后决定留下来各尽所能，看看谁能最成功。

于是甲和尚诚心地诵经礼佛，乙和尚勤劳地修整庙宇，丙和尚用足够的敬意化缘讲经。一段时间后，庙宇果然恢复了昔日的辉煌。

后来，这三个和尚又坐在一起讨论庙宇为什么又重回昔日的辉煌。甲和尚坚持认为是自己潜心礼佛，菩萨才显灵的。乙和尚不甘示弱，认为是自己勤加管理，所以庙务周全。丙和尚不服甲、乙和尚的说法，认为都是因为自己劝世奔走，所以香客众多，庙宇才有如此辉煌的。就这样，三人日夜争论不休，最后分道扬镳，庙里的盛况又逐渐消失了。

这则故事的道理很浅显，庙宇香火渐盛的原因正是他们三个人的合作。可惜，直到三人分道扬镳也没有搞清楚这个简单的道理。

不"瞎忙"的活法

下面为你介绍五条与别人合作的原则，无论处在什么位置它都能帮助你成为"令人赞叹佩服、乐于追随"的成功人物。

第一条原则：以符合人性的要求做每一件事情。

为此，至少要做到两点：一是用真情、友爱的态度对待世界；二是把这种态度随时付诸实际行动，同时还要戒除对人苛刻冷漠、与人斤斤计较、与人争得头破血流的陋习。

把真情和友爱渗透到每一件事情当中去，就能产生成功所需要的一切。

第二条原则：多布施，多贡献。

一个人的成就大致上与他的施予成正比。那些肯大力布施、慷慨奉献的人往往受益匪浅，而苛刻、自私、吝啬的人却无法办到这一点。

第三条原则：提高自己在别人心中的地位。

如何使别人觉得你很重要？请记住这条基本原则：人们都渴望感到"我是他（她）生活的一部分，在他（她）心目中占有一定分量"。如果能满足这项要求，你就能轻易获得他们的赞美、尊敬，以及通力合作作为回报；而当人们感觉到被他人置身事外时，往往会显得漫不经心，转而作为采取对立的态度与行动。行之有效的办法就是，你可以请求别人帮你一些忙，使他们觉得自己很重要。

第四条原则：要以平易近人的方式说话。

平易近人是最好的沟通技巧，以这种方式说话是影响人的最有力的武器。

第五条原则：守得住别人的秘密。

一是朋友一旦深知他们所告诉你的事情，都会就此停住，没有再流传出去，就会对你更亲切、格外关照。

二是他们将你当作自己信任的人，觉得你十分可信，才将心中轻易不说的秘密告诉你。

试想一下，你是不是考虑到别人能够替你守得住秘密，你才会放心地说出自己的秘密，反过来也一样。能够合理地掌握以上五条原则，你就能寻找到值得信赖的合作伙伴，这样一来，对你的人生将有很大的帮助。

第八章

要想制胜，行动和速度是关键

成功学大师戴尔·卡耐基曾经说过："随着年龄的增长，我越来越不重视别人究竟想了什么或说了什么，而是看中那个人具体做了什么。"因为不管是"想了什么"，还是"说了什么"，这些都只是事情的表面特征，只有"做了什么"才是一个人的行动结果。古人云："有志之人立长志，无志之人常立志。"只有说干就干，并且直到做成为止，才有可能实现"长志"。

立即行动，跟拖延说"再见"

当面对急需做的事情时，有些人会说："今天下雨弄得我心情低落，我还是等到天气放晴再去做吧！"然而，等到天气晴朗，万里无云的时候，这些人又会说："哇，今天的天气特别适合外出游玩，光着脚丫跑在草地上放风筝多美好呀，至于那件事，还是明天再做吧。"

上面这种人就是患上"拖延症"的人，只不过他们自己不知道罢了。当需要做的事情要马上交工的时候，他们又开始抱怨工作太多，于是往往心不在焉、草草了事，至于是否存在问题他们更是懒得回头去查看。结果，自然是工作不理想，生活很绝望。所以，要想改变自己的命运，就要对拖延说"再见"。

契阳是一家电子公司的员工，在加入电子公司之前，他经历了无数次跳槽。因为他每一份工作都不能长久地干下去，感觉没意思就立即寻找一份新的工作，很少有某一份工作可以激发他的兴趣。

在电子公司工作也是，契阳依然抱着以前的思想和态度，整天混日子。在他的观念中，反正每天到点下班，工资一分钱不少，为什么要额外付出自己的精力呢？

正因为存在这种思想，契阳的工作态度非常消极，遇到有工作任务的时候，他采取的方式就是能推就推，能拖就拖，要么就浑水摸鱼，跟在别人后面分享一份功劳，很少去积极主动地争取工作任务，更别说沉下心来

第八章
要想制胜，行动和速度是关键

忘我付出了。

很快到了年底，和他一起来的同事加薪的加薪，升职的升职，只有契阳依然原地踏步，没有任何长进。然而，契阳没有反思自身的行为，反而认为这是公司领导对他有成见，故意不给他升职加薪，一肚子怨气的契阳立即去找领导评理。

看见契阳难得一次主动上门，领导也很干脆，开门见山地说："我正想和你谈谈入职以来你的工作表现。如果实在不行，公司将决定辞退你。"

契阳一愣，想不到领导这么"绝情"，刚要辩解，领导用手势制止了他，说道："你平日里的工作表现大家都看在眼里了，和你一起来的同事都得到了升职和加薪，而你却原地不动。原因很简单，你从来就没有积极主动地工作过，可能你感觉这样占了一些小便宜，实际上是害人害己，白白浪费了大好的时光不说，再这么下去，你个人的事业和前途也会毁在你自己的手上。"

契阳被说到了痛处，脸上不由露出了尴尬的神色。领导看了他一眼继续说："做人要对得起自己，为别人工作其实也是为自己的人生发展开辟道路，工作中应当树立起积极主动、勇于承担的态度，用业绩来证明自己，否则一事无成，最后究竟是谁吃亏了呢？这笔账其实并不难算。"

从这个故事中契阳的表现来看，他的头脑里面尽是一些小聪明，对待工作拖延推诿，从来没有积极进取的精神，又怎么能获得领导的青睐呢？

生活中，很多人做事都有拖延的毛病，这样的例子举不胜举。上学时老师布置了家庭作业，说是明天早上交，可是到家后常常是玩了小半个晚上才想起作业还一点儿没动，于是急忙熬夜将作业草草做完了事。家里的水电费该交了，但是迟迟不见行动，想着还能坚持几天呢，到时候抽点儿时间出来一会儿就可以办理好，最后的结果往往是等来了催费通知单，上面连带着要缴纳的滞纳金，这个时候才想起事情已经到了非办不可的地步了……

　　生活中如此，工作中人们也会把这种拖延的毛病延续下去。领导安排了一定的工作任务给某人，这个人在最初的时候并不以为然，想着距离工作任务完成还有充足的时间，不用急于一时。因此，他总是把工作任务一拖再拖，内心也一直有个小小的声音在安慰自己：不急，大不了明天做也不迟，反正距离最后的期限还有好几天，到时候实在不行加加班就可以了。

　　不难看出，拖延的现象在生活及工作中无处不在。从人性的角度分析，拖延是一种病症，很多事情等到最后关头才想起来急急忙忙去做，会造成许多疏漏和遗憾，事后还需要想方设法去补救，造成精力的重复投入，在手忙脚乱中使自己的生活和工作变得一团糟。

　　拖延这种病症还具有强大的惯性，一旦形成很难改变。生活中许多原本很小的问题，在无休无止的拖延之下，最后会演变成难以解决的大问题。解决事情最佳的时间和条件都失去了，只能以高昂的代价来补救。古语"一趾之疾，丧七尺之躯"说的就是这个意思，小问题不处理，最后反而酝酿成难以挽回的大错。

不"瞎忙"的活法

培养良好的执行力是消除拖延症的良方之一。提高自己的执行力,对提高工作能力和工作效率都有极大的帮助,对此,以下几点需要我们注意:

第一,第一时间着手解决问题。这需要我们有当机立断的精神,在遇到问题后,马上就开始处理。

第二,树立积极的情绪。犹豫、等待、厌烦等消极因素是执行力的最大阻碍。所以,我们要克服这些消极情绪,不再犹豫,坚定信念,从而提升执行力,降低或者消除"拖延力"。

第三,假设结果。在你要做某件事情时,可以先假设如果怎么样,就会怎么样,采用"如果……那么……"的公式,可以清楚完成不了的危害性。特别是在情绪低落的时候,这种方法更能够提高自己的执行力。

梦里走了许多路，醒来还是在床上

有人说："即便你在梦里是万众瞩目的高贵公主，那也改变不了你在现实生活中三餐不继的命运。"所以，要想实现自己的梦想，就需要尽快行动起来，而不是整日沉浸在"白日梦"中无法自拔，最终落得个梦想破碎、所有美好离你而去的悲惨情景。

从前有两个生活在贫瘠落后山村里的年轻人，他们都想走出山村，过上体面的城市生活。其中一个人整天梦想着发大财，比如把山货卖成黄金价、去人迹罕至的山洞寻找宝藏、天上掉钱等。他有很多的想法，可没有一样是实际的，于是他放弃了努力，变得游手好闲起来。而另一个年轻人则脚踏实地地干着他的木工活。每次看到辛苦劳作的木匠，那个无所事事的年轻人都忍不住讥笑他："无论你怎么努力也不会有好结果，与其自寻烦恼，不如等某个企业家来这儿搞点投资，开发成旅游景点，到时咱们就坐着收钱好了。"

木匠听后不以为然地说："你总是想着未来的事，可现在最要紧的是做好身边的事，木工不一定能赚到许多钱，但起码能养活自己。"一晃十年过去了，梦想着做大事业的年轻人除了每天做白日梦外，生活几乎没有丝毫改变。而木匠却真的去了城里开了一间家具店。原来，有一天，有个城里人路过小山村，发现木匠在认真细致地做着木工，就商量由他出钱投资，木匠出技术，两人在城里做家具，一定会受到欢迎。没过几年，木匠就在城里买了房，安了家。而梦想干大事业的年轻人还在那个贫困的小山村继续做着他的美梦。他的生活一塌糊涂，除了每天不停地抱怨外，似乎没有别的追求。

那个总是抱怨的年轻人每天只知道坐着空想，梦想又太过于空洞而无法找到着手点，故而开展困难。要知道，成功可不是轻轻松松就能实现的事。

田吉是一个美国的小男孩，小时候，由于家境困难，他每天吃得都很差。由于从小营养不足，他得了软骨症。

6岁时，当与他差不多大的孩子四处跑着玩时，他的双腿已变成"弓"字形，但他依然有一个梦想——有一天他要成为美式橄榄球的全能队员。了解他身体情况的人，都觉得他的这一梦想简直是天方夜谭。

小田吉为了自己的梦想一直在努力。他曾经千方百计地去观看橄榄球高手布朗的比赛，想通过这种方式向高手们学习。没有钱买票，他就在全场比赛快结束时，从工作人员打开的大门溜进去，观看为时不多的几分钟比赛。每当空闲时，小田吉就练习跑步、投掷。就这么过了一年又一年，小田吉终于克服了身体的缺陷，成了一名十分优秀的美式橄榄球的高手，并打破了布朗曾经创下的纪录。

达尔文从小就对大自然十分好奇，立志要找到人类的祖先，这是他的一个梦想，也是他不懈奋斗的信念与支撑点。他不顾家人的反对，周游全球，在历经千辛万苦后，最终写下《物种起源》，推翻了人们以前的观念——人类是由上帝创造的。

我们梦想着下一刻，梦想着明天，梦想着未来。因为有了梦想，我们枯燥的生命旅程才变得五彩斑斓，我们所生活的世界才异彩纷呈。但是只有梦想没有行动是没有任何意义的，我们只有不断努力、超越自己，才能迎来美好的明天。

不"瞎忙"的活法

行动就像一个奇妙的分水岭,它将有志者和空想者分隔开来。勤奋和勇敢的人总是迎难而上,懒惰和懦弱的人总是畏缩不前,于是他们有了两种截然不同的人生——辉煌的人生和失意的人生。再高明的智者也无法预料将来会遇到什么情况,只有在摸爬滚打中不断总结经验教训、开拓创新,才能迈进成功的殿堂。

第八章
要想制胜，行动和速度是关键

最怕你碌碌无为，还在那儿纸上谈兵

著名作家张天翼笔下的华威先生，是一个陷入空谈怪圈的典型。在烽火连天的抗日战争时期，人们都以实际行动投入轰轰烈烈的抗战斗争中。华威先生也忙得团团转，他在干什么呢？他只是热衷于无休止的演讲，滔滔不绝地谈一些众所周知、不言而喻的空洞大道理。

生活中总是有一些人喜欢夸夸其谈，只说不做。开始，会说的人也许会得到大家的肯定，大家觉得这个人懂得多，有想法，但是时间一长，大家就都知道他是什么人了。只说不做没有什么实际的意义，说的也都会被人们认为是废话。比如说你想在今年年底开办一家公司，逢人便提起你的规划、你的目标，但仅限于说，到了年底你的规划也只是规划而已。

小新大学毕业后，自恃学习的是市场营销专业，于是怀着满脑子的新观念与新理论到了一家民营企业工作。刚进这家企业工作的时候，公司老总觉得小新是大学生，而且学的又是营销专业，一定会带领自己的企业掀起一股新的头脑风暴，使老员工大开眼界。

小新的确不负众望，刚来单位没几天就开始"传经授道"。还在试用期的时候，老总就让他跟着参加各种会议讨论。会议上，他总是用自己在学校学习到的全球最新的理念与做法大谈特谈，看起来像个经验派。

公司同事刚与小新接触的时候，还叹服他的好学问，然而，时间一长，大家慢慢发现小新只是纸上谈兵，没有什么真本事。因为小新虽然对一些新理念十分熟稔，也总是高谈阔论，可是，他从未想过如何将那些新理论应用在公司的实际运营上，也从未结合公司的实际情况，对公司的营销策略提出过任何有价值的建议和意见。

当小新期待着工作转正的消息时，公司的人力资源部也开始对小新进行总结考核。考核一番后，他们竟然发现小新在试用期期间没有做出过一份完整的方案或计划，也没有提出过任何值得采纳的好建议。最终，小新被判定为不合格，被公司解雇了。

古往今来，有过太多和小新一样的空谈者，他们最多使人迷惑一时，却终将害己一世。

人不能只做形式主义的工作，要务实，把精力多用在做实事上，也就是说要实干。

20世纪末，我国出现了一位不尚空谈、注重实践的农业科学家，那就是著名的杂交水稻专家袁隆平。这位朴实得像农民一样的科学家，用智慧和勤劳的双手培育成功的杂交水稻，目前已累计种植了两亿多公顷，每公顷年增产16吨，被美国、日本、巴西等20多个国家引进推广。他在农业科研上做出的巨大贡献，为世界所瞩目。联合国粮农组织授予他"杂交水稻之父"的荣誉称号，经国家国资局正式认定的"袁隆平品牌"，价值1000亿元人民币。这香飘全球的"品牌"是靠什么创造出来的呢？靠的是实践，是呕心沥血的科学试验、艰苦卓绝的科学探索、实事求是的科学精神。他不顾别人的非议和讥诮，执着地搞科研，最后，杂交水稻实验成功的事实否定了"坐而论道"者的空论。

当一个人总是向别人吹嘘自己的计划时，不仅是在浪费时间，还有可能因此错过好的机遇。还不如暂时闭上自己的嘴巴，把计划做得更仔细一些，然后付诸实践。当你的目标实现的时候，来找你请教的人自然就会增多，到时候随便你怎么说都可以。

第八章
要想制胜，行动和速度是关键

正所谓"天外有天，人外有人"，我们不要过于吹嘘自己有多么多么厉害，因为厉害不是说出来的，而是靠自己的能力做出来的。有人说："事实胜于雄辩，实践才能出真知。"这句话可以作为我们生活的准则或真理。

可是，在现实社会中，总是有许多人喜欢空谈，不愿意动手去干实事。因为"说永远比做来得容易"。俗话说："空谈误国。"如果一个人总是喜欢在你耳边泛泛而谈，你大可不必理会。

不"瞎忙"的活法

少说多做并不是什么坏事，也许正是你无意中的一些勤奋或者多做，就会让你得到一次改变命运的机会。当然，在每天多努力一点点的过程中，我们并不是随便多做、漫无目的地去做，而是根据自己的目标计划，构建自己理想的宏伟蓝图。

看霍金，懒汉们还有什么理由不行动

懒散的人一生中的大部分时间都相信运气、机遇、命运这些虚无的东西，当看到一些人知识渊博、才智聪敏，他们会酸酸地说："那是天分。"当发现有人德高望重、受人爱戴，他们会说："哦，那肯定是运气使然。"当看到他人成功上位、工资上涨，他们又会眼红地说："那是人家的命。"实际上，他们忽略了成功者身上本质的东西——勤奋。

有一个年轻人的公司破产了，伤心的他想到处去走走。这天，他来到了一个湖边，静静地站在那儿。这时，在旁边钓鱼的一位老人开口问他："你这么年轻为什么不快乐地生活，却愁眉不展呢？我在你的脸上看到了许多忧愁，有什么事，不妨说出来让我听听。"

年轻人对老人说："人生总不如意，活着也是苟且，有什么意思呢？我辛辛苦苦创建的公司现在破产了，我的人生还有什么希望呢？"

老人静静地听着年轻人的叹息和絮叨，然后转过身去，在他身边的茶桌上泡了一杯茶递给年轻人。年轻人接过茶杯，他看到茶杯里的茶叶一直浮在水面上，于是问老人："老人家，为什么你泡的茶，茶叶不会沉下去呢？"

老人笑而不语，一直看着年轻人，并让他喝茶水。

年轻人喝了一口，对老人说："一点儿茶香都没有。"

老人说："这可是名茶铁观音，怎么会没有茶香呢？"

年轻人又品尝起来，并肯定地说："真的没有一点儿香味啊。是不是

第八章
要想制胜，行动和速度是关键

你拿错了茶叶？"

这时，老人转过身子，把泡茶叶的水重新烧了一会儿，当水沸腾起来时，老人又取了一个茶杯，又泡了一杯茶。同样的茶杯，同样的茶叶，这时年轻人看到的是一杯茶叶沉于杯底的茶水，而且还有丝丝清香飘出来。

年轻人很想端起茶水尝尝，可是老人拦住了他，又提起水壶把沸腾的水倒了一些进去，这时茶杯里的茶叶上下翻腾，茶香也更加浓了。老人连续倒了三次，茶杯里的茶水刚好满到杯口，这时他才让年轻人端起来品尝。年轻人端起茶杯，喝到的是香浓的茶水。年轻人很是不解，问老人："为什么同样的茶叶，同样的茶杯，同样的水，沏出来的茶水却不相同呢？"

老人点了点头，对年轻人说："水的温度不同，茶叶的沉与浮就不一样。温水沏茶，茶叶总会浮在水面上，这样的茶水怎么会散发出茶香呢？沸水沏茶，反复几次，茶叶沉沉浮浮，上下翻腾，它的茶香肯定会散发出来。生活也是如此。逆境中，更需要勤奋，努力提高自己的能力，这样才能走出困境，再创辉煌。"

年轻人听了老人的话，脸上露出领悟的神情，谢过老人之后就回家了。从此，他做事勤奋，常常向一些前辈请教。不久之后，他重新成立了一家公司，并且得到了很好的发展。

英国科学家斯蒂芬·威廉·霍金在剑桥攻读研究生的时候被诊断患上了卢伽雷病，即肌肉萎缩性侧索硬化症，会对运动神经元及其支配的躯干、四肢和头面部肌肉产生不良影响，是一种慢性进行性变性疾病。也就是说，霍金此后的人生将会与轮椅为伴。

1985年，霍金又被诊断出肺炎，进行了穿刺手术。此后，他甚至连说话也无法做到，仅仅靠安装在轮椅上的一个人工语言合成机器与人进行交谈；看书也必须依赖一种可以翻书页的机器，读文献时也需要请人将每一页都摊在大桌子上以帮助阅读……

但是，经历种种变故，霍金并没有气馁，更没有放弃对学习的欲望，而是在常人难以体会的艰难生活中做出了一项项造福人类历史的壮举。在天体物理学方面，霍金被人们公认为是该领域的"巨人"。

他还在剑桥大学担任卢卡斯数学讲座教授之职，他研究并推出的黑洞蒸发理论和量子宇宙论使各个领域产生了极大的震动。

他在1988年4月出版的《时间简史》，如今已被翻译成40种文字，在世界各地的发行量达1000多万册。在如今的西方世界，如果一个受过教育的人不曾拜读过这本书，甚至会被其他人嘲笑为见识短浅。

"天助自助者"，霍金用勤勉的一生有力地论证了这句话。他也用行动告诉我们：只有足够勤奋努力，才会受到成功的青睐。

著名哲学家罗素也曾说："真正的幸福绝不会光顾那些精神麻木、四体不勤的人们，幸福只在辛勤的劳动和晶莹的汗水中。"所以，生活中的那些懒汉们，一定要行动起来，只有这样才能获得人生的成功和幸福。

第八章 要想制胜，行动和速度是关键

不"瞎忙"的活法

在现实生活与工作中，如何改变懒散的习惯，去勤奋努力呢？

1. 克服拖延的最好方法就是马上行动

本杰明·富兰克林说："千万不要把今天能做的事留到明天。"懒惰和拖延的结果往往是我们的计划成为泡影。只有立即行动，才能比别人提前抓住机会。古往今来，成功者必定是立即行动者。

2. 保持乐观的情绪

我们要学会控制自己的情绪，不让坏情绪影响自己的工作状态。当遇到让我们生气的事情时，不妨冷静地查找问题的根源，或者向朋友请教，这对扫除自己情绪的阴霾起极大的作用。

3. 抱着积极的心态去工作

不论任何工作，我们都要全身心地投入其中，并且要永远保持"要么不做，要做就做到最好"的心态。

4. 根除妒忌的恶习

"凭什么他能够成为主管？""为什么别人的工资这么多？"……别人的进步和优势难免让我们产生妒忌的心理。要知道，妒忌其实是毫无意义的，只会让我们的负面情绪越来越多。我们要做的应该是虚心请教那些成功人士为何会成功，又是如何做事的。

大声喊出来：行动！行动！再行动！

我们总是能遇到一些不断发牢骚的人，他们用 QQ 或微信发消息给自己的朋友，抱怨工作太多，做不完。可是，如果工作当真如此繁忙，他们又怎么会有空闲时间玩手机呢？这就是典型的"嘴忙手不忙"的人。这样的人从来不会在刚接到工作任务的时候立刻着手去做，总是等到工作累积得实在忙不过来了，就开始不停抱怨。

有一个孤独的人，有一天他看到一则广告标语：有了电话，朋友就来！于是，他为了能够获得朋友，就装了一部电话。白天他在公司卖力工作，晚上下班回到家就盯着电话，唯恐错过来自朋友的电话。就算这样，他还是没有接到一个电话，并且总为自己可能漏接电话而担忧和懊恼。有一次，他从电视上看到一则答录机的广告：答录机让你不"漏接"！为了交到更多的朋友，他决定再装一台答录机。可是即便如此，一个星期过去了，他依然没有接到一个电话。最后，他把答录机和电话都退掉了。没有了答录机和电话，他的房间显得更空，他的生活也更寂寞了。

一个人如果想交更多的朋友，那么他需要的不是一部电话，更不是一台答录机，而是走出家门去认识更多的人，否则朋友是不会主动找上门来的。同样的道理，我们想得再美也都只是对未发生的事情的一种勾画和设想，充其量不过是对"做"的一种策划，而"做"才是把"想"的内容变

第八章
要想制胜，行动和速度是关键

成现实的法宝。一味空想，就像那个孤独的人一样，永远等不来朋友，只有付出实际行动，才有可能实现目标。理想固然美好，可是它和现实的距离不仅遥远而且无法用长度来衡量。所以每一个想要把自己的想法变成现实的人，都要勇于行动，否则隔岸观望，理想永远看得见，摸不着。

在美国加州一个靠近海边的城市里，几乎所有适合建筑房屋的土地都已经被开发完了，就剩下一些陡峭的小山和一处地势低洼的湿地。这些地方要么是地势险峻，要么是常常因为积水而被淹没，很不适合盖房子。可是美国地产大亨唐纳德却建议他的同行利用这些土地开发新的建筑。同行为此犹豫了很久，最后还是没有采纳他的意见。尽管当时唐纳德对那位同行说："不要想得太多，当你投入行动中，事情就会变得简单。"但同行还是犹豫不决。唐纳德笑着对他说："既然如此，就让我做给你看看。"

其实，他们两人想到的办法都是将小山炸平，然后用多余的土将湿地垫平。但是，同行担心这样做成本太大，有可能亏本。而唐纳德却想：不做怎么会知道结果呢。当他真的把小山与湿地变成了平地后，同行惊呆了，这块地的地价也因此在一夜之间暴涨了几十倍，唐纳德赚了八亿美元。同行悔恨得要命，但为时已晚。

从唐纳德的故事中，很多人都能明白了，成功其实并不难，有些人没能成功，最主要的原因是他们对成功的理解仅仅停留在想的方面，而没有去付诸行动。没有行动的支撑，理想只停留在想的层面上，永远也没有把它变成现实的机会。

一想到"行动"，很多人就开始发愁了，不仅可能会遇到阻碍，还会让人感到身心疲惫。而且行动的过程或许跟想的还会有所差别，从而导致即使行动了，也达不到理想的效果。于是，有人选择观望，再想一想，就在他们想了又想的过程中，可能很多年都已经过去了。算一下，人的一生又有多少年呢？光想而不去做，结果也只能是多年以后依然两手空空。

那些至今都没能实现自己多少梦想的人，在有了一个梦想之后，他们为梦想做了什么？他们真的为此付诸过行动吗？真的为此努力过吗？仅仅在内心挣扎、思考、纠结是没有任何意义的，还可能令自己陷入矛盾无法自拔，所以，只有行动了才可能实现理想、改变现实，向成功一步步靠近，否则无论你想得多好都没有任何意义。

如果你渴望成功，渴望将理想变成现实，那么就请行动起来吧。要知道，理想只有在行动中才能逐步变成现实。

第八章
要想制胜，行动和速度是关键

不"瞎忙"的活法

既然行动如此重要，那么我们接下来在工作或生活中应当怎样养成立即动手去做的好习惯呢？

1. 时刻督促自己

最好是在前一天晚上制订好今天要完成的计划，并在晚上临睡前检查自己完成的情况。如果还有没按时完成的条例，就应该立即去完成。时刻谨记：行动是老虎，拖延是病猫。

2. 做一个实干家

《道德经》中有这么一句话："千里之行，始于足下。"在这个世界上，一百个空想家也比不上一个实干家。所以，我们要时刻问问自己："我对未来有什么好的规划？我的梦想要通过什么方式去实现？"如果我们拥有梦想，最好马上行动起来，做一个成功的实干家。

3. 激发行动力

当我们在追寻梦想的道路上不小心遇上荆棘或磨难的时候，我们应懂得如何激发自己的行动力。例如，总是暗示自己"我能行""我有坚强的意志力""我一定会成功"……当我们的大脑不断地接受这些积极的信号后，自然会惠及身体，督促自己不断前进。

成功者只比别人多一点儿敢想敢做的勇气

平庸和卓越除了智力上的差距，还有勇气上的区别。一个人只有敢于去想、去做，才意味着他开始向成功迈进了，因为只有敢想敢做的人才能做出别人想不到也做不出的成绩。

人的一生充满了变数，虽然我们每个人都有各自需要面对的情况，我们的行为会被现实限制、束缚，但是如果勇敢一点儿，敢于去想一些别人所不敢想、不敢做的事，或许我们就能有一些意外的收获。

微软亚洲研究院院长张亚勤曾经说："那些敢于去尝试的人一定是聪明人。他们不会输，因为他们即使不成功，也能从中吸取教训。"的确，很多时候有些人能够获得别人所不能获得的成功是因为他们曾得到过别人没有得到过的教训和经验。失败又如何，失败又何尝不是一种收获呢？所以，只有那些不敢尝试的人，才是真正的失败者。敢于想、敢于做、敢于尝试的人才能成为真正的成功者。

新华网曾经报道过一个农村致富能手，她就是被冠为"全国十大农民女状元""齐鲁巾帼十杰"等称号的农村妇女孙广美。和其他农村妇女相比，孙广美没有什么特别的，她腼腆、朴实，让人很难把她和致富能手联系起来，但这是一个事实。

孙广美的老家在利津县明集乡赵家村，和其他地方不同的是，这里的农民天天要面对的不是肥沃的黑土地，而是一望无际的盐碱地。贫瘠的盐

第八章
要想制胜，行动和速度是关键

碱地一直是村民们的苦恼，也是全村贫穷的根源。

初中毕业后，孙广美不安于在家乡受穷，开始随人转战各大城市打工。可是七八年过去了，她打工、开店铺，都没能在城市里找到一条属于自己的路。于是她决定回到农村。没过多久，家乡刚好赶上国家延长土地承包期，她一咬牙在村里的土地拍卖会上一次性承包下了村里的245亩荒碱地，准备开办家庭农场。

这一消息在村里传开后，大家都笑她白日做梦。可是她没有因此放弃，相反，她开始往寸草不生的盐碱地上投资，找懂这方面知识的技术人员，科学规划这片田地。孙广美自己也没有闲着，从书中学习农业开发模式，向有经验的人学习管理经验。她很快就掌握了农作物栽培管理技术。村里人看孙广美如此大手笔，也被她给镇住了，之后不仅没有人再嘲笑她，而且还有人专门跑来找她学知识、请教问题。

承包下盐碱地的第一年，孙广美的总收入达到了10万元，很快她又承包了10000亩荒碱地，当年获得经济效益高达60多万元。

这在农村，可以说是不小的成功。看到了孙广美的收获，村民们也都开始向她学习，那一年他们全村的收入达到了413万元。

在记者采访孙广美为什么能够做出如此出色的事情时，她说，其实一个人能做成什么事，思想最重要，只要敢想敢做，没有什么做不成，就怕不敢想不敢做，这样我们首先就输给了自己。

不"瞎忙"的活法

敢想敢做是一件屡试不爽的法宝,只是在敢想敢做的同时,我们要注意不能太过得意忘形,也不要自负,因为一个自负的人常常会忽视很多显而易见的问题,进而导致最终的失败。当然,敢想敢做也要恰到好处,不可太过夸大自己的能力,更要依据现实情况而定。

第八章
要想制胜，行动和速度是关键

青春无悔，带着你的热忱上路

现在的你有没有感到工作单调乏味的呢？初入职场的时候，或许你觉得工作就像一片充满希望的绿洲，通过它你可以到达成功的彼岸，可是如今，工作却变成了一望无际的沙漠。虽然你依然很努力地向前走着，只是身心却越来越疲惫，对未来毫无热情可言。

美国文学家爱默生说："一个人，当他全身心地投入自己的工作之中，并取得成绩时，他将是快乐而放松的。但是，如果情况相反的话，他的生活则平凡无奇，且有可能不得安宁。"你是属于前者，还是属于后者呢？也许你渐渐对自己的工作失去了热忱，这可不是什么好事情。因为热忱是工作的灵魂，也是你全部动力的源泉。如果你不能从每天的工作中得到快乐，而仅仅是为了生存而不得不工作，那么这种只顾完成自己职责、毫无热忱可言的员工，又凭什么得到老板的赏识和重用呢？

一个人的事业能否取得成功，除了看他的个人才能如何，还要看他是否拥有足够的热忱。因为只有当一个人对自己的工作充满热忱的时候，他才会把自己的所有时间和精力都投入自己的工作中去。这时候他往往具有更多的自发性和创造性，其专注精神也会在工作过程中表现得淋漓尽致。

美国俄裔戏剧与电影演员、奥斯卡金像奖得主尤尔·伯连纳，就是一个对工作充满热忱的人。

尤尔·伯连纳最让人记忆犹新的便是他光头的造型，在他的演艺事业中，出演次数最多的一部戏剧就是《国王与我》。《国王与我》从上演那年开始，一直到尤尔·伯连纳去世，演出的时间达53年之久。相关的统计表明，尤尔·伯连纳在世的时候，一共演出了4625场之多，也就是说，平均五天不到他就会登上舞台表演一次。

正是由于尤尔·伯连纳对自己的演艺事业抱有极大的热忱，所以才会如此专注，乐此不疲地上台演出同一部戏剧。同时，在不断演出的过程中，尤尔·伯连纳随时对戏剧进行改进，让《国王与我》的观众从来不会觉得乏味。

所以说，在变幻莫测的现代社会，想要告别平凡的人生，最重要的一点就是培养自己对工作、生活的热忱。正如哈佛大学的奥里森·马登教授所说："一个人不管做什么事情，热忱都是必不可少的品质，因为热忱可以让你全身心地投入，将事情做得更快、更好。这也是每一位成功人士所必须具有的品质。"那么，热忱到底是什么呢？可能很多年轻人都会说，热忱就是对某件事情充满热情，是对自己理想的热衷，或者是慷慨与不计回报地付出。

这样说当然有他们自己的道理。不可否认的是，一个人拥有了热忱，无论他现在从事什么样的工作，无论他的境况如何，他都会把自己正在做的事情当成是世界上最有趣、最崇高的工作。不管这份工作会遇到多大的困难，或者要求有多么严苛，他都会主动积极、不急不躁地去完成好。这就是热忱的力量，也是工作的灵魂所在。

古罗马著名的哲学家马库斯·图留斯·西塞罗曾说过这样一段话："要想知道自己将要成为怎样的人，可以看看酿制酒的工艺，禁不住时间考验，最后变酸发臭的酒一定是劣质的酒，而禁得住时间的考验，随着时间的流逝而愈发芳香醇正的酒一定是好酒。"

当一个人对工作充满热忱的时候，这个人一定做事积极主动，并且富有很强的人格魅力，能够轻而易举地感染身边的人。如此一来，自然能够带动一个部门，乃至整个公司的发展，使公司上下所有人都能在这种满含正能量的工作氛围中享受工作当中的乐趣。

IBM 是目前世界上最大的电脑制造商，它的成功不仅在于超强的软硬件实力，更在于公司员工对工作充满热忱。为了让所有的员工始终保持热忱的工作态度，公司专门挑选了一大批技术骨干，专门负责解决公司的售后服务问题，同时也给其他员工做出好的榜样。

IBM 对所有的顾客承诺，只要顾客的电脑出现问题，公司的员工都会在 24 小时之内帮他解决。有一次，一位用户打来长途电话，说自己新买的电脑出现了故障，需要马上解决。可是这位用户住在偏远的山区，如果靠一般的交通工具，需要两天的时间才能赶到。为了帮助顾客及时解决故障，也为了维护公司的声誉，经过短暂的研究之后，公司立刻派出工作人员，乘坐直升飞机赶到了那位用户家里。在对那位用户表示歉意之后，工作人员以最快的速度为用户排除了故障。这让那位用户感动不已，也使得 IBM 公司的形象再次提升。

所有用户都对 IBM 的服务态度感到满意，他们觉得 IBM 不愧是世界计算机销售领域的"龙头老大"，因为它的产品质量有保障，工作人员的热忱更不是一般公司能比的。

作为追求成功的年轻人，你眼里应该看到充满希望的绿洲，而不是一望无际的沙漠。不要害怕失败，因为所有的失败都只是暂时没有成功罢了。只要你带着热忱去工作、学习和生活，这种热忱自然会带给你无限的动力，让你和成功不期而遇。

不"瞎忙"的活法

对于初入社会的年轻人来说,对工作的热忱显得尤为重要。如果你失去了对工作的热忱,那么工作就会变得枯燥乏味,而你也会渐渐失去工作的动力,最终会被竞争所淘汰。那么,工作的热忱对于年轻人来说到底有多重要呢?

1. 当你对工作充满热忱的时候,你会主动自觉地将自己的所有时间和精力都投入工作中,不会计较自己做了多少,得到了多少回报,而只想把自己的工作做好。

2. 对工作的热忱可以让你了解到自身的局限,从而不断努力去提高和充实自己。当你全身心地投入某项工作中时,就会发现一系列的问题,并能够不断解决问题和不断提高自己,你的工作技能和自身素质都会得到明显的提高。

3. 工作热忱能够让你对自己正在做的事情产生浓厚的兴趣。千万不要否定,哪怕是那些你感觉枯燥乏味的工作,当你真正投入时间和精力去解决它时,它也会变得可爱起来的。

第九章

忙,并快乐着;努力,并享受着

　　谁说忙就不能快乐?只要心态平和,我们就能微笑着面对生活;只要懂得感恩和知足,我们就会享受到收获的快乐;只要热爱生活,我们就能在忙碌的同时享受幸福……忙,并快乐着,并不是奢侈,而是一种高贵、优雅、聪慧的生活态度。

你想要的生活，换种姿态就能得到

如果问你这样一个问题："人生在世，忙来忙去，到底是为了什么？"很多人可能会说其实都是为了一个"钱"字。假如我们再问自己："有钱了就一定快乐吗？"相信很多人都无法肯定地回答"是"。当我们拥有万千财富，快乐却不在我们身边时，钱也就没了意义；而当我们拥有快乐，即使没有万贯家财，又有什么关系呢？

这其实从另一个角度向我们发出一个信号：忙碌的同时一定要让自己快乐，快乐的忙碌才是真正有意义的忙碌。如果你能快乐地忙，那么即使什么财富都没有，你也先别人一步拥有了真实的、有价值的人生。

因此，我们要做的就是每天带上快乐出发。

第一，带着快乐出发，就要有一个乐观的心态，什么事情都抱着愉快的心情去看待。

某个水手和朋友在一起聊天。朋友问他："水手的工作好玩吗？"

水手回答："在我看来是十分有趣的，否则我也不会把它当作我毕生的事业。"

朋友又问："水手的工作不是很危险吗？你是怎样保持这份乐观的？"

"我的爷爷是水手，他最后死在了海上；我的爸爸也是水手，他最后也死在了海上。"水手慢悠悠地说。

"这不是更证明大海是危险无比的，你为什么还要做水手呢？"

水手笑笑，反问他："请问你的爷爷死在哪里？"

"死在床上。"朋友回答。

"你的父亲呢？"水手又问。

"也死在床上。"

水手看着他的朋友，笑着说："这么说来，床也是很危险的。那你为什么每天还要睡在床上呢？"

朋友顿时哑口无言。

如果我们也能像这位水手那样豁达、乐观地看待问题，那么世上所有的烦恼、困难对我们来说也就不足以构成麻烦，我们依然能够快乐地面对它们。因此，乐观起来，你是世上最幸福的那个人。

第二，每天带着愉快的心情上班。

网上曾流传这样一句话："我每天上班的心情就如同上坟一样沉重。"还有一句名言是这样说的："我们无法左右事情，但我们可以左右自己的心情。"相比之下，后者比前者的心态要好得多，掌控自我的能力也高得多。工作对每个人来说都是一样的，而以什么样的心情面对工作则因人而异。实际上，让你不快乐的，不是工作，而是你自己。所以，别再抱着"上坟"的心情去上班，这样你永远都不会快乐；愉快地去上班吧，受益的一定是你自己。

莉莉是一位办公室文员，她每天的工作就是处理烦琐的书信和文件，同时还负责打印和抄写工作。长期做这些事情，容易使人感到枯燥。因此，莉莉常常觉得精疲力竭。在一段时间的痛苦之后，她开始转变自己的思考模式："这是我的一项工作，公司待我也很不错，我应该怀着更快乐的心情来做这份工作。"她开始努力快乐，每天微笑着面对领导、同事和来访的客人，甚至在打印文件的时候也笑容满面。渐渐地，她惊奇地发现，自己竟然每天都能开开心心地去上班，并且真的有点儿喜欢这份工作了，做事的效率也更高了。由于她非常认真，因此很快就被提升为部门副主管。

第三，幽默一点儿。

幽默是一种智慧，取悦自己，也能娱乐他人。幽默的人，其人格魅力是不可抵挡的，整个人的气场也是积极的、轻松的。好运气降临到这样的人身上的概率一定会多一些。

一个女人嫁给一位年纪较大的富商。一天，她和新婚丈夫去一家服装店买衣服。一位女店员选了一件西装给富商，因为不知晓实情，她热情地介绍说这套西装色调很适合女人的爸爸穿。一时间，女顾客的脸色非常难看，气氛变得尴尬起来。另一位女店员看见此情景，知道自己的同事说错了话，赶忙搭话说："小姐，您看这位先生穿上这套西服显得特别精神，很有品位，跟您这套服装很配呢，就像总统和总统夫人一样！"女顾客终于化怒为喜，女店员也成功地卖出了这套西服。

笑对生活的人，生活也同样会回报给他笑容。因为你的乐观可以改变周围的气场，潜移默化中影响你的人际关系、你的机遇甚至你才能的发挥。所以，即使再忙，也要笑对人生！

不"瞎忙"的活法

乐观的性情是可以通过一些心理技巧在后天练习而成的，具体可以从以下几个方面重点练习：

1. 学会用微笑或者是积极的暗示来鼓励自己

心理学研究发现，如果一个人总是想着一些不好的事情，那它们就极有可能变成现实。

2. 多结交性情开朗的朋友

多结交一些性格外向、乐观、开朗的朋友其实也是你改变自己的一个方式。通过学习他们身上的优点，比如他们为人处世的积极态度，或者是言语方面，或者是行为方面，之后，你也可以逐渐变得乐观起来。

3. 多投放点精力在你可掌控的事上

从现在开始就做出改变，把精力多投放在你可掌控的范围内的事情上，接受不可改变的现实，停止把自己想象成一个受害者的形象，将那些所谓的不幸统统抛开，多想一些美好的事物……相信自己一定能做到，因为决定权始终在你自己的手上。

4. 多回味欢乐时光

平时多留意身边的美好，多关注生活中让你觉得幸福和感动的事，停下匆忙的脚步去回忆和品味快乐的时光，从中捕捉欢乐的点滴，然后心存感恩。

穷忙的人将错失更多珍贵的东西

在现实生活中，经常有人会说这样的话："等我赚到足够的钱，我就不再如此忙碌，一定要用心地享受生活。""等我干成一番大事业的时候，我就去周游世界，到任何想去的地方。"仿佛我们总是在等待某个时间点来做自己喜欢的事情。

其实，存在这种想法的人，在他们的潜意识里，已经将自己的生活分为两个时间段，目标是其中的分界点，前一个时间段是为了后一个时间段打基础，而后一个时间段往往穷其一生，也没有几个人能够做到。

就这样，我们总是不由自主地注视着前方的目标，并且为了完成这一目标而放弃路边的风景或亲情、友情，总是看似忙碌地工作、赚钱，尽管已经疲惫不堪，却还在安慰自己，不远的将来一定会有转机。

这种类似于"病态"的忙碌使得人们总是忽视生活中的许多美好，硬生生地将生活过得如同"清汤挂面"般索然无味。我们总是醉心于完成心里的那个远大目标，却忽视了身边的风景，往往等到岁月流逝，回顾过去的生活时，才发现自己除了忙碌，竟然从未曾真正地享受过生活。

实际上，我们的生活除了忙碌，还有许许多多的美好等着我们去发现。所以，忙碌的间隙，要懂得欣赏路边一朵野花的美好，或者体会一池碧水的幽静，只有这样，我们才能活得充实，活得有意义。

凯恩是个不折不扣的大忙人，每天都忙于自己的工作，连周六周日也

第九章
忙,并快乐着;努力,并享受着

在加班。一个周末,他联系了一家偏远的牧场的厂商,要与厂商的经理签订合作事宜,于是他一个人带着合同开车去了那家牧场。在回来的途中,汽车出了故障,他赶紧给汽车托运公司打电话。汽车托运公司告诉他不能及时赶到,要4个小时以后才能来拖车。凯恩觉得自己倒霉透了,就给妻子凯琳打了个电话。凯琳说:"4个小时,既然这么久,无聊地闲着倒不如看看周围的风景,散散步放松一下。"

凯恩也知道自己肯定不能按照原来的计划赶回公司交差了,挂断电话后,索性采纳妻子的建议下了车,走向一望无际的田野。此时正是秋季,一片片麦田在阳光下闪着金灿灿的光芒,一群群牛羊在阳光的沐浴下悠闲地吃着草。凯恩沉浸在眼前的美景中,忘却了所有的烦恼。更让他奇怪的是,这样的情景平时经常能看到,为什么今天觉得格外有魅力?

凯恩一直在那里待到天黑。回家后,他把今天的事情说给妻子听。妻子告诉他:"太忙碌就会忘记身边存在的美好,看来,我们需要经常出去放松我们的身心。"

很多人觉得活着很累,并不是生活本身累,而是他们自己固执地不肯停下来休息而把自己弄得身心俱疲。上述例子中的凯恩因为汽车出现故障,才有机会用心感受被忽略已久的风景。如果一个人能慢下来,用心欣赏这个世界的美景,就能多一分快乐的心情。

繁忙的都市里到处都是为工作打拼的人,他们忙忙碌碌,从不肯停下来休息,习惯把工作当作生活的重心,以至于没有时间陪孩子,陪爱人,陪父母,遗忘了关心自己的亲友。殊不知,工作只是人生的一部分,不能为了工作而不顾生活,所以,我们要懂得适时停下忙碌的脚步,去关爱身边的人,享受身边的幸福。

有一个人去世后,上帝问他:"你一生中错过的最好的东西是什么?

你有四次机会,如果回答对了,你就能留在天堂。"

那个人低着头沮丧地回答说:"我曾错过一个很好的工作机会。"上帝摇了摇头。

他想了想又说:"我年轻时错过了一个美好漂亮的姑娘。"上帝还是摇了摇头。

那个人又想了想说道:"我曾错过了退休的好机会。"上帝依然摇了摇头,并且告诉他,只剩下最后一次机会了。

那个人想了良久,然后泪流满面地说道:"没有好好地陪家人度过美好的时光是我最大的过错。"

上帝终于微笑了,说:"你可以去天堂了。"

在这个世界上,没有人能够预料自己的未来会发生什么,正所谓"人生百态,世事无常",因此在工作之余,不要忘了对爱自己的家人和朋友表示关怀,别让自己的人生充满遗憾。

不"瞎忙"的活法

我们的一生就好比乘坐火车去远行,不同的是,上车后,有些人会靠着车窗娴静地翻书看,有些人三五成群地聊着天南地北的趣事,有些人蒙着头呼呼睡大觉,还有些人在安静地欣赏窗外的美景。在他们旅途即将结束的时候,如果你问他们各自的乘车感受,有的人会抱怨车厢的空气不好,有的人会说乘坐火车太无聊,还有的人会说这一路过得非常开心——他们就是那些欣赏沿途美景的人。在这如此短暂的一生中,我们不要一味扎进功名利禄之中而忽视身边的风景。

其实,只要我们能够看淡名与利,不太在意生活中的得与失,就可以活得更加轻松一点儿。为了我们的生活不留遗憾,一定要记住这样一句话:不要因为穷忙,忽略了身边的美好风景。

"慢生活"也是一种成功法则

在现代化的都市生活中,节奏越来越快,匆匆忙忙赶着上学、上班的人随处可见。其中,有许多人被这种匆忙的步调扰乱了平静的心绪,每当遇到一点小事,就可能点燃"火药桶",引得"火山喷发"。

当生活在都市里的我们每一分每一秒都感到焦躁不安或疲惫不堪时,就会因为一点儿挫折变得疑神疑鬼,久而久之,身体素质下降不说,心理承受能力也跟着变得薄弱起来。可以说,为了适应繁忙的生活节奏,我们都为此付出了极为惨重的代价。

其实,我们不妨停下来,享受一下慢节奏的生活。

第一,当你停下慌乱的脚步,慢慢享受生活的时候,你也许会发现,自己本想追求的完美境界并不存在,它只是一个虚无的、不切实际的构想,甚至不能给自己带来真正的欢乐。相反,当下的不完美或许才是让自己感受真实快乐的所在。

曾经有位画家,发誓要完成一部"最完美""最壮丽""最无与伦比"的作品。他渴望超越以往所有的伟大画家,以达到人类艺术史的极致。

为了实现这个梦想,他把自己关在画室里,与世隔绝。有人问他进展如何,他不屑告知,只说"还不够好,还不够好"。

一年又一年,画家的作品久久没有问世,他却生了重病,最终在贫病交加的状态下离开了人世。当人们清理他的画室时,有人好奇地查看他的作品。他的画架被一块巨大的帷布遮住，人们猜测那肯定是画家的"完美之作"，于是抢着看。

不料，在帷布被揭开的瞬间，人们都惊呆了。哪里有什么完美的画作，那不过是一张被各色颜料涂抹得一塌糊涂的画布，没有线条，没有配色，没有草稿，简直就是块调色板。

后来，人们找到了画家的遗书，才清楚个中原因。他说，他一直渴望完美，不断否定自己，画稿被反反复复涂改多遍，直到面目全非。他再也没有勇气改下去了，他几乎耗尽了一生精力，却什么都没得到。

在适当的时候停下来，就是不去追求所谓的"完美"。绝对的完美是不存在的，它只会诱惑你在不断追寻的过程中失去自我。

第二，停下来，暂时忘却生活中各种纷繁打扰，不为还未发生的事情担心。当你真正放下"凡尘"一段时间后，你会发现，原本曾经担心的事情或许根本不足为虑。

心理学家做过一项调查研究：很多人感到不开心不是因为现在正经历着痛苦，而是为过去已经发生过的事情懊恼而心情不好，或者是为将会发生的事情而担忧——有些事情都已经翻篇了，或者发生的可能性很小，他们自己却耿耿于怀。杞人忧天的故事众所周知，昨天已然过去，明天自有明天的烦恼。因此，最明智的选择就是过好今天，既不唏嘘昨日，也不忧虑明日。要记住，过多的担忧其实只是在给自己的人生制造障碍和危机。

第三，学会让自己放松，享受片刻的安宁。很多人之所以不断忙碌，是因为他们害怕停下来，一停下来就觉得自己的精神无依无靠，似乎必须在忙碌中才能实现自己的价值。其实，忙碌的人固然有本事，但唯有懂得劳逸结合、享受宁静的人才更容易取得成功。在闲暇的时刻，不妨放松自己的心灵，任由自己做一些喜欢的事情。

不"瞎忙"的活法

卡尔·霍诺最早提出了"慢生活"的概念,当然,他所说的"慢生活"并不是支持懒惰,"放慢速度"也不是要人们拖延时间,而是希望我们能在工作与生活中找到一种平衡,懂得劳逸结合、张弛有度,只有这样才能在千变万化的社会生活中找到属于自己的幸福感。可能有的人担心社会竞争激烈,一旦慢下来就会被社会淘汰,其实不然,请仔细想一想,即便是快节奏的生活,最终目的不也是为了让自己能够拥有一片自由和宁静吗?所以说,要工作,也不能丢了休闲,甚至有时候放慢节奏是另一种积极的奋斗。

身陷低潮不气馁，在逆境中提升自己

中国古语说："进则有为，退则修身。"意思是说，做人做事，入世之时必须做到有所作为、有所建树，出世之后也要修养身心，以待时机成熟，再入世时便可开疆拓土。在现代这个高速发展的社会里，这句话依然适用。也许现在的你正深陷人生低谷，但请告诉自己：这是上天给我的一个假期，让我"修身"，以待时机成熟再次"有为"。

无论是在生活还是在工作中，每个人都有因遭遇某种挫折而深陷低潮的时候。在很多人看来，处在低潮期非常糟糕，甚至"我怎么那么倒霉啊""我的运气真差""我的命运真惨"此类的泄气话成为某些人的口头禅。在他们看来，一切都是命运的错。实际上，一味地怨天尤人将会使自己的处境越来越糟。既然如此，遭遇挫折、深陷低潮期的我们应该怎么办呢？

曾经有这样一则寓言：

一头驴子不小心掉进了田地中的大坑里，主人见坑深，驴子又老了，便没有找人把驴子救上来，而是转身走了。驴子很伤心，心想自己为主人干了一辈子的活儿，现在自己落难主人也不拉自己一把。

村民们见驴子的主人都不想救驴子，谁也不爱管闲事，于是纷纷"落井下石"，将自家田地里的垃圾都往驴子身处的深坑里扔。从这些垃圾中，驴子嗅到了食物的味道，于是开始捡一些能吃的东西，同时将那些彻底废弃的垃圾踩在脚底下。日复一日，驴子不仅没有死去，反而越来越接近坑口的地面。

驴子每天都提醒自己,自己很快就能"重返人间",还有一米了,还有半米,马上就可以回到地面了……终于有一天,驴子靠村民扔弃的垃圾重新获得了自由。

寓言中的驴子就像是深陷低潮的我们,因此将来再遇到挫折和困难时,我们不妨像驴子那样,寻求"垃圾"中的精华,汲取挫折中的经验教训,从而摆脱困境,继续为追求美好的生活而努力。

当陷入低潮时,首先我们要告诫自己:没有哪个人的人生之路是一帆风顺的,也没有哪个成功人士一开始就能拥抱成功——他们也曾与机遇擦肩而过,受到别人的质疑,遭遇无数次的挫折和困难。所以,陷入人生低潮时,我们切不可一蹶不振、灰心丧气,更不能将失败归咎于命运。要相信,暂时的失败是给我们继续学习的机会,同时也说明了自己专业学识不够扎实,成事还稍欠火候……无论什么原因,我们都应该从挫折、低潮、失败中学会成长,让自己日臻完善。

宋川是SOHO一族,靠做插图为生。一直以来,宋川都是以日系插图见长,虽然在家办公,但是他已经在业界初露锋芒了,因此来找他为自己的作品插图的人源源不断。谁知半年前,一位老主顾打电话给宋川,要求宋川绘画一系列美系的作品。虽然美系作品不是宋川的强项,但是宋川并不想失去这位老主顾,于是答应下来。

虽然宋川对绘画有一定的造诣,但是跨系绘画还是有很大难度的,要研究用笔,琢磨绘画技巧,还要创作出自己的特色。即使他的绘画经验颇丰,可经过一段时间后,宋川还是稍感吃力。最重要的是,在研究美系绘画的过程中,宋川不得不推掉其他日系绘画的活儿,这样一来他便失去了经济来源,只能靠自己的积蓄生活。

第九章
忙，并快乐着；努力，并享受着

最糟糕的是，宋川将自己的作品发给那位老主顾的时候，老主顾否定了宋川的努力，认为他没有按照自己的要求进行绘画。本来宋川听到这里非常气愤，但是老主顾的另一番话却使宋川振作起来："宋川，我知道你现在可能非常懊恼，不应该盲目冲动地答应我的要求，但是你知道吗？只要你换一个角度来想的话，没有我，你怎么能够跨一个领域来创作绘画作品呢？其实现在社会需要的是全才，我交给你的工作也许一开始很难，但是只要你深入学习，相信无形之中会使你有意想不到的收获。你说对吗？"

听了老主顾的话，宋川觉得自己没有那么气愤了，并且开始安下心来好好创作，最终不仅完成了老主顾要求的画作，他的绘画能力也得到了很大的提升。

著名心理学家贝弗士奇说："深陷低潮而不气馁，是制胜成功的关键。"贝弗士奇表示："世界上每一位成功人士的成功都是缔造于低潮之中，那些肉体上的痛苦、精神上的压力都是成功的助推剂，没有一个人是不遭受困扰就可以随随便便成功的。"

不"瞎忙"的活法

每个人在人生中都会遇到低潮时期，正是有低潮，才有了巅峰。遭遇低潮是为了能攀登下一个高峰，关键是要挺住低潮的黑暗，这样高峰的辉煌才是属于你的。

你从来不缺成功的筹码，缺的是自信

我们总是把"好的开始是成功的一半"挂在嘴边，可是西方的一个哲学家却说："拥有自信是成功的一半。"从古至今，自信缔造了无数的成功人士。李开复就曾经表示："自信，潜能的放大镜。"我们总是习惯将自己暂时的失败归咎于自身的缺陷，不但给自己造成很大的压力，过度的自责也让我们备感自卑，从而使我们与成功的距离越来越远。

桥南去年因在学校表现优异，成功申请到去美国留学一年的机会。美国的都市气息一直深深地吸引桥南，因此她非常珍惜这次留学的机会，而且异常兴奋。但是令人意想不到的是，这种兴奋并没有持续多长时间。

由于国内的英语倾向于应试教育，对听力和口语的重视程度和训练相对薄弱，桥南又来自南方，即使说普通话都有浓重的口音，更何况是在异乡用另一种语言来交流？这样一来，桥南在留学期间总是听不明白老师所讲的内容，课后也不能用流利的英语跟同学们交流，这让桥南感到十分沮丧。

时间一长，桥南开始找各种各样的借口逃课，也不接受任何社团的邀请。更糟糕的是，桥南渐渐对自己失去了信心，开始后悔到美国做留学生，并且非常怀念在国内读大学的那段日子。桥南又不好意思把这些在异国的遭遇讲给国内的同学听，害怕被他们笑话，于是整天愁眉不展的。

桥南的舍友汉娜来自日本，跟桥南一样，虽然会说英语，但是带有浓重的日本口音，常常被同学嘲笑。跟桥南不同，汉娜并没有逃避和怀疑自己，而是在课堂上尝试主动回答老师的问题，并且跟同学们加强口语交流。这样一来，汉娜的口语能力很快得到提升，同时也拉近了和同学们的关系。

见桥南学习消极，还总是闷闷不乐的，汉娜语重心长地对桥南说："世界上没有第二个桥南，所以你要好好珍视你自己啊！"这句话深深打动了桥南。桥南开始审视自己的问题，并且加以改正。半年后，桥南不再是那个羞怯地不敢在大家面前说话的中国女孩了，相反，她成为全校最厉害的"俚语王"，英语听说能力的提高也让她变得更加自信，并且拥有了自己的社团。

一个缺乏自信的人，很有可能与成功失之交臂。故事中的桥南如果不是非常优秀，也不可能得到赴美留学的机会，可是在异乡却因语言问题而开始质疑自己，对自己失去信心，从而导致出现逃避、不敢面对正常生活的现象，后来在汉娜的帮助下建立了自信，开始正视自己的问题。

"胜人者有力，自胜者强"，这句话强调的主体就是自己，它告诫我们：战胜别人的人是有力量的人，而战胜自己的人才是强者。随着历史的车轮滚滚向前，我们发现敌人往往不是来自外界，而是我们自己。弗兰克说过："如果你是懦夫，你就是你自己最大的敌人；但如果你是勇者，你就是你自己最大的朋友。"

安利公司的销售人员遍布大街小巷，经过他们身边的每个路人，他们都会热情地迎上去，向其推销安利公司的产品。即使有些人非常厌恶这种赤裸裸的销售模式，甚至表示出厌烦的情绪，笑容依旧不会从安利公司销售人员的脸上消失，更有甚者会更加努力地锁定这位客户，向他推销。这种自信正是源于对公司产品的信心。他们永远不会因为你的不耐烦而感到不适，取而代之的是耐心地解释；他们也不会因为你的不屑而信心受挫，相反会报以微笑等待你的接纳。

试想一下，假使我们不相信这个世界，那么我们的生活将会出现翻天覆地的变化。恐惧、质疑、怀疑等心理疾病也将会占据我们的心，到那时我们怎么正常生活呢？又依仗什么来拥抱希望与成功呢？

> **不"瞎忙"的活法**
>
> 有效地培养自己的自信心，可以尝试以下合理化建议：
>
> 第一，注意到自身存在的优点和取得的成就。
>
> 第二，多接触充满自信的人，让自己"沾染"自信。
>
> 第三，不断进行正面的自我心理暗示，避免负面强化。
>
> 第四，保持得体、整洁的外表，树立自信的外部形象。
>
> 第五，让自己时刻保持自豪感。

第九章
忙，并快乐着；努力，并享受着

没有过不去的坎儿，只有过不去的人

在电影《新警察故事》里，成龙扮演的警察陈国荣就是活在回忆里的人。原本，陈国荣是警队中的传奇人物，是英雄，警局的大小事务几乎全由他包办，而且破案率高达百分之百。但是在一次抓捕行动中，他带领的9名精英警员都被罪犯残忍杀害，包括女友的亲弟弟。陈国荣虽死里逃生，但是从此一蹶不振，他闭上眼睛就能看到那些同事牺牲的惨象，他痛恨自己的无能，不但与女友分手，还整日酗酒，一副破罐破摔的模样。影片里，陈国荣碰到了一个愿意把他从痛苦中拉出来的朋友，最终他走出了回忆的困扰，勇敢地面对现实，查出了幕后的真凶。

与影视作品中不同的是，现实生活中的人们在遇到人生低谷的时候，往往没那么幸运能遇到一心一意要拯救自己的"贵人"，因此，他们之中很多人面临的结果是无休止地堕落以及对自我人生的放弃。

然而，无论你经历过什么，无论你心中怨恨、自卑、绝望、嫉妒、悲伤、悔恨的情绪有多么强烈，你都要试着将它们放下。如果你放不下，不但你前半生的所作所为、前半生忙碌所积累下来的经验和能力将会"报废"，你的后半生也基本会处于这种"灰色"的状态。放下过去，也是一种人生智慧。总是沉浸在无意义的伤痛与悔恨之中，你的人生会愈加陷入低谷。当你放不下的时候，不妨读一读下面这个故事，你会发现自己的迷茫和犹豫是多么不明智、不值得。

30年前,一位年轻人打算离开安逸的家乡,到外面闯荡一番。临行前,他先去拜访了村长,请求他给自己一些指点。村长正在练字,听说有后辈想要外出闯荡,便挥手写了三个字:"不要怕。"然后,村长抬头望着这位年轻人,说道:"人生的秘诀有六个字,'不要怕'是其中三个,够你受用半生了;还有一半,等你回来就知道了。"年轻人谢过村长,出发了。果然,年轻人靠着一股"不惧怕"的精神,取得了一些成就,但也经历了很多磨难,遇到了很多伤心、后悔的事。

30年后,他回到家乡,又去拜访了那位村长。到了村长家里,他才知道老人家已经去世。村长的家人把老人留给他的信封交给他,说:"他说有一天你会再回来。"年轻人几乎忘记了自己还没有听到另外一半的人生秘诀,他立刻打开信封,里面赫然写着三个大字:"不要悔。"

无论你做过什么,它都已经成为过去,为过去的事情后悔是在惩罚现在的自己。实际上,放下过去的意义还在于,如果发觉一件事情已经在崩溃的边缘,那么,不管你曾经投入多少,都要果断撤离。这也是一种放下的智慧。不懂止损的人,将会失去更多。

某超市公司进驻中国内地之后,立刻俘获了不少消费者的心。他们在内地的市场份额中占据了一席之地后,又决定进驻中国香港市场。不幸的是,这家超市刚进入香港市场不久,东南亚就发生了金融危机,严重影响了香港地区的经济,香港地区民众的消费水平大幅度下降。他们既看不到利润,也没有达到预期的市场占有额,只有连续不断的亏损。坚持了三年之后,他们毅然决定"快刀斩乱麻",用"短痛"结束了"长痛"。后来的事实证明,这一举措避免了更大的损失。

不只是企业,我们普通人也是如此,要保持一份适时放弃的智慧,以及时止损、保全自己的利益。所谓"舍得",就是有舍才有得。一味死撑,只会让自己原本辛苦得来的利益全部"沦陷"。适当的时候,卸掉一些包袱,或者舍弃一些利益,能换来更好的结果。

不"瞎忙"的活法

舍得,舍得,有舍才有得。人生要懂得"舍得"之道,少计较才会多收获,而且能够有更加清晰的头脑去思考自己当下和未来需要的是什么,合理地处理人情世故,避免不必要的矛盾冲突,活得更加从容、自然、自在。

舍并不意味着放弃,也不是一种消极的人生态度,相反它是一种人生智慧,是一种清醒的人生观。一个人只有清晰准确地知道自己能干什么,才能集中精力干事业,在"舍得"之中成就自己。舍得放弃,才能说明一个人真正了解了自己,懂得驾驭自己。

理性地冒险往往能取得更大的回报

之所以说忙碌是一种快乐、一种幸福，是因为忙碌的我们是充实的、有价值的、有收获的，同时我们在一个机遇无穷的世界里忙碌着，也许哪一天就会因为付出而忙出一个意外惊喜——在意外的机会中获得意外的成功。因为这种未知，所以我们说忙碌是一种幸福。

当然，要想获得这种意外的惊喜和幸福，就要有一些冒险精神，敢于在未知的世界里探索，这样，才有可能抓住珍贵的机会，成为少数忙碌且成功的人。但是，我们现在的生活和这种冒险的状态可以说相去甚远。我们已经习惯了这样的常态：按时上下班，做重复的工作；下班后偶尔聚餐，大多数时候回家做饭、做家务；每个月领同样的薪水；每个休息日和同事、朋友进行差不多的娱乐活动……在这种固定的生活模式中，如果我们沉溺于它所带来的"稳定感"，那么，我们身上的那种冒险精神就会被磨灭掉，从而一生都会过平凡庸碌的日子。

这时，我们不妨问问自己：真的满足于一生过这样的日子吗？如果答案是否定的，那么不妨打破目前的"平静"和"安全"模式，让自己试着去冒个险，去未知的世界里探索一次。要知道，你努力的成本越高，你获得的利润才可能越丰厚。

瑞查德是一个美国黑人，他家境普通，学历普通，找的第一份工作也很普通。在参加工作后的12年里，他和其他普通销售员一样，为一家公司

第九章
忙,并快乐着;努力,并享受着

推销肥皂。但他与其他同事不一样的是,他内心里并不甘于一辈子做这份一成不变的工作,他希望自己的人生有所突破。

机会很快来找他了。他听说一家肥皂公司要转手,售价是15万美元。出于对行业的了解,他知道那家公司生产的肥皂是很有市场的,于是决定买下这家公司。但他面临着资金问题:他手中只有2.5万美元。瑞查德与那家公司达成了协议:先付部分保证金,余下的款项在10天内全部付清。但假如他不能如约交付剩下的款项,那么不但得不到公司,还会丧失保证金。这样一来,他将会在一夜之间破产,还有可能背负高额的债务。

想来想去,瑞查德还是决定试一试。他为筹集资金想尽了各种办法,左拼右凑后,在最后期限,瑞查德终于筹齐款项,买下了公司。由于瑞查德在该行业经验丰富,在管理上也肯下功夫,公司的生意日渐兴隆起来。很快,他又开了分公司。不久之后,他就成了拥有七家公司和一家饭店的富翁。

没有一个机遇不与风险相伴,如果追求绝对的安全,你不可能抓住改变命运的任何机会。拥有冒险精神,并付出忙碌、辛苦,才有可能得到更大的回报。

两个出身贫寒的小男孩一直生活在美国的一个小镇里,靠给别人打零工来养活自己。有一天,两个男孩听大人们闲谈,得知纽约是一个有很多机会的地方,但同时也有很大的风险。也就是说,到纽约寻求机会的人们既有大富大贵的,也有沦落街头的。

这天晚上,两个男孩都无法入睡,他们打着自己的算盘:如果我到纽约去闯一闯,说不定将来也能衣锦还乡,但也有可能在纽约街头当乞丐;如果我继续留在这里打工,虽然不会沦落到要饭的地步,但也难有机会做一番大事……这样辗转了一晚之后,其中一个小男孩毅然辞掉了工作,起身前往纽约；另一个小男孩犹豫再三，最终还是选择留下来，不去纽约过担惊受怕的日子。

九年后，昔日出去闯荡的小男孩已成为西装革履的成功人士——他真的衣锦还乡了。当他走到村口，找人给自己擦拭那双沾满泥土的皮鞋时，发现那个擦鞋的人十分熟悉——他就是当年没能跟自己一块儿去纽约闯荡的伙伴。

平庸和成功之间，往往就隔着一条叫作"冒险"的河流。如果你只在"安全"的这一岸，那么，你忙碌一生也得不到骄人的成绩和优质的生活。"富贵险中求"，只有当你愿意渡过河，到岸的另一面去拼搏时，你才有可能登上辉煌的彼岸。

不"瞎忙"的活法

敢于冒险是我们必须学会的生存技能，因为生活最大的危险就是不冒任何风险。不敢冒任何风险的人，就等于把自己关进了丧失自由的牢笼。只有敢于冒险的人才能向人生顶峰进发，在途中迸发无限的豪情和勇气，获得精彩的人生。所以，为了辉煌的明天，带着自己的冒险精神，向着远方的胜利前进吧！